LES ANIMAUX CÉLÈBRES.

TOME SECOND.

LES ANIMAUX
CÉLÈBRES.

ANECDOTES HISTORIQUES

SUR DES TRAITS D'INTELLIGENCE, D'ADRESSE, DE COURAGE, DE BONTÉ, D'ATTACHEMENT, DE RECONNAISSANCE, ETC. DES ANIMAUX DE TOUTE ESPÈCE, DEPUIS LE LION JUSQU'A L'INSECTE.

PAR A. ANTOINE, DE SAINT-GERVAIS.

Qu'on m'aille soutenir, après un tel récit,
Que les bêtes n'ont point d'esprit.
LA FONTAINE, *Fab.* 1, *liv.* 10.

DEUXIÈME ÉDITION,
Revue, augmentée, et ornée de dix-huit gravures.

TOME SECOND.

PARIS,
LIBRAIRIE DE RORET, RUE HAUTEFEUILLE,
N° 10 BIS.

1835.

LES
ANIMAUX CÉLÈBRES.

Ecureuil apprivoisé.

M. Fréville, dans son *Histoire des chiens célèbres*, rapporte qu'un petit garçon, de six ou sept ans, avait élevé un écureuil. Il lui réservait du pain, un peu de viande, du fruit, de la salade du souper ou du dîner. Témoignant à son tour une tendre affection à cet enfant, l'écureuil *accipait*, comme disent les écoliers, des poires, des pommes, des noix; il cachait tout cela dans un coin; et dès le grand matin, il l'apportait à l'enfant dans son lit. Ayant remarqué que l'enfant n'avait pas les dents assez fortes pour rompre les noisettes, il cassait celles qu'on lui donnait à lui-même dans sa cage, et venait ensuite les manger avec son ami.

Ne pouvant se séparer de son jeune maître, cette petite bête toute gentille le suivait jusqu'à l'école; mais sentant bien qu'elle lui attirerait des reproches, et qu'elle le ferait gronder en courant à son ordinaire, elle domptait sa vivacité naturelle, au point de rester, durant toute la classe, couchée sur sa poitrine ; elle allongeait seulement la tête de tems en tems hors de sa veste, afin de prendre un peu l'air ; mais après l'étude, elle grimpait sur la tête et sur les épaules de son jeune maître, et se dédommageait amplement en jouant avec lui jusqu'à la maison.

L'Eléphant de Porus.

Dans la fameuse bataille entre Porus et Alexandre, où celui-ci perdit son cher *Bucéphale*, Porus perdit aussi son éléphant appelé *Ajax*, bête remplie de courage et d'intelligence. Alexandre, ayant passé l'Hydaspe, se trouva en présence de Porus : celui-ci mit tous ses éléphans à la tête de son armée. La présence de Porus, aussi bien que la vue des éléphans, arrêta un peu les Macédoniens ; car ces monstrueuses bêtes, rangées parmi les escadrons, ressemblaient de loin à des tours, et ce prince, d'une taille toute extraordinaire, paraissait encore plus grand, à cause qu'il était monté sur un éléphant qui surpassait autant tous les autres, que le roi surpassait tous les autres hommes. Après donc qu'Alexandre l'eut contemplé aussi bien que son armée : « Enfin, dit-il, j'ai trouvé un péril digne de mon courage, puisqu'aujourd'hui j'ai affaire tout-à-la-fois et à des bêtes farouches et à des hommes fort vaillans. » Il poussa le premier son cheval, et avait déja ouvert un bataillon des ennemis, lorsque Porus vint à sa rencontre, faisant marcher ses éléphans en tête. Ces bêtes donnèrent une grande épouvante; leurs cris horribles auxquels on n'était pas accoutumé, effrayèrent non-seulement les chevaux, mais aussi les hommes, et troublèrent les rangs de telle sorte, que ceux qui, un peu auparavant, étaient victorieux, ne songeaient plus qu'à la fuite. Rien n'était si étonnant que de voir ces animaux enlever avec leur trompe les hommes tout armés, et les livrer, par-dessus leur tête, à leurs conducteurs. Le combat fut douteux une grande partie du jour, et n'était pas prêt à finir, si avec des haches préparées pour cela, les Macédoniens n'eussent coupé les jambes aux éléphans; ils avaient aussi des épées courtes et recourbées en forme de faux, avec quoi ils leur tranchaient la trompe.

Porus, se voyant abandonné de la plupart de ses gens, se mit à lancer ses dards, et il blessa plusieurs des ennemis qui l'entouraient; mais lui-même était en butte à leurs traits; il avait reçu neuf blessures, et son éléphant, qui avait aussi reçu plusieurs coups, ne pouvait plus marcher; de sorte que ce prince fut contraint de s'arrêter; et, avec quelques-uns des siens, il résolut de faire tête aux ennemis qui le poursuivaient. Alexandre l'ayant atteint, et voyant son opiniâtreté, ordonna qu'on taillât en pièces tout ce qui se mettrait en défense. On commença donc à tirer de tous côtés, et sur Porus et sur ses gens; ce prince, accablé de traits, tomba sans connaissance. Lorsque son éléphant le vit à terre, il prit l'un après l'autre avec sa trompe les dards dont il était blessé, et les lui arracha du corps. Alexandre, croyant Porus mort, commanda qu'on le dépouillât; mais comme on accourait pour lui ôter sa cuirasse et ses habits, l'éléphant se jeta sur ceux qui voulaient approcher de son maître; et l'ayant levé de terre avec sa trompe, il le remit sur son dos. En un moment la bête fut couverte de dards, et elle rendit les derniers soupirs après s'être posée à terre avec précaution, pour ne point écraser celui qu'elle avait défendu jusqu'au dernier moment.

Les Éléphans d'Antiochus.

Antiochus avait deux éléphans de guerre, appelés *Ajax* et *Patrocle*, dont Antipater fait mention. Il s'agissait un jour de sonder une rivière qu'Antiochus voulait passer; on publia à haute voix que l'éléphant qui passerait le premier serait le chef de tous les autres. Dès ce moment ces animaux mirent toute l'ardeur possible pour gagner l'autre côté du rivage. L'éléphant *Patrocle* arrive le premier; le roi le gratifie aussitôt d'un caparaçon d'argent. *Ajax*, son émule, honteux d'avoir été vaincu, de désespoir, se laissa mourir de faim.

Éléphans danseurs et savans.

Les premiers éléphans qu'on ait attelés dans Rome, le furent pour traîner le char du grand Pompée, à son triomphe de l'Afrique.

Les historiens latins qui ont écrit la vie de l'empereur Domitien, disent que ce prince, voulant donner une fête aux Romains, fit dresser une troupe d'éléphans pour danser un ballet. On leur enseignait des pas et des figures difficiles à apprendre. Un de ces animaux ayant été battu pour n'avoir pas bien retenu sa leçon, on remarqua que la nuit suivante il la répéta, de son propre mouvement, au clair de la lune. Pline rapporte qu'au spectacle de gladiateurs donné par Germanicus César, on vit des éléphans danser une sorte de danse pyrrhique; ensuite ils dansèrent sur la corde, en cet état quatre d'entr'eux en portaient en litière un cinquième qui contrefaisait la nouvelle accouchée. Arrien dit avoir vu un éléphant qui dansait avec deux cimbales attachées à ses jambes, qu'il frappait l'une contre l'autre en cadence avec sa trompe, pendant que d'autres éléphans dansaient autour de lui, observant la mesure avec une justesse étonnante. Le consul Mucianus rapporte qu'il y avait à Rome un éléphant qui connaissait assez les caractères représentant chaque lettre de l'alphabet, pour écrire les mots qu'on lui dictait, en arrangeant avec sa trompe ces caractères dans l'ordre convenable. Elien et Pline attestent en avoir vu qui écrivaient ainsi, l'un en Grec, l'autre en latin.

L'Éléphant de la Ménagerie.

Le premier éléphant qu'on ait vu en France, fut envoyé par Aaron, roi de Perse, à l'empereur Charlemagne, qui lui en avait fait la demande par un ambassadeur : cet animal se nommait *Abulabaz*. Depuis ce tems les rois de France ont été très curieux d'avoir un animal de cette espèce dans leur ménagerie.

On a observé que l'éléphant qui est aujourd'hui à la ménagerie du jardin des plantes, sait bien connaître ceux qui se moquent de lui, et qu'il s'en venge lorsqu'il peut en trouver l'occasion. Un peintre voulait le dessiner dans une attitude extraordinaire, qui était de tenir la trompe levée et la bouche ouverte. Le domestique du peintre, pour le faire rester en cet état, lui jetait quelques fruits en l'air, et le plus souvent faisait semblant d'en jeter. L'animal en fut irrité; et, comme s'il eût reconnu que l'envie que le peintre avait de le dessiner était la cause de cette importunité, au lieu de s'en prendre au domestique, il s'adressa au maître, et lui lança par sa trompe, une quantité d'eau dont il gâta le papier sur lequel il dessinait. Une autre fois, s'apercevant que la sentinelle empêchait les curieux de lui donner quelque chose à manger, il lui arracha son fusil, le tortilla comme si ce n'eût été qu'une baguette, et le jeta à ses pieds.

Cet animal est originaire de l'île hollandaise de Ceylan, dans l'Inde: c'est de là qu'il a été envoyé au Stathouder à l'âge d'un an: il est resté quatorze ans dans la ménagerie de Loo; il peut avoir maintenant vingt-neuf à trente ans. Par suite de la conquête de la Hollande, cet animal est tombé en notre pouvoir : c'est un trophée vivant de nos éclatantes victoires. Ils étaient deux lorsqu'on les amena en France. Depuis quelques années, nous avons perdu le mâle ; il ne nous reste plus que *Marguerite*, qui est le nom que l'on a donné à la femelle. Cet animal est très doux et très docile, surtout vis-à-vis de son cornac. Cet homme, nommé Thompson, est Anglais d'origine : il était le gardien de ces éléphans en Hollande ; et, quoique vieux, il n'a pas voulu abandonner ses chers élèves.

Il y a quelques mois, des musiciens célèbres, parmi lesquels on remarquait MM. Kreutzer et Duvernois, se sont réunis, et ont donné au quadrupède un concert dans toutes les règles. L'air, *O ma tendre musette*, joué sur le violon, a paru faire plaisir à l'éléphant; il a écouté avec indifférence le même air exécuté en variations par le même artiste, ainsi qu'un air de *bravoure* de Bocherini, dont les connaisseurs font le plus grand cas ; il a même bâillé en entendant un quatuor du même auteur, qui est en grande estime parmi les amateurs; mais il a donné des signes non équivoques de joie et de plaisir en écoutant l'air, *Charmante Gabrielle;* il marquait la mesure en oscillant sa trompe, en l'agitant de droite à gauche, en balançant son énorme masse, et enfin en poussant quelques sons d'accord avec ceux du musicien.

Il paraît préférer les sons de la basse et du cor, les sons graves aux sons aigus, la mélodie à l'harmonie. Les partisans de la mélodie et du chant seront fiers désormais de ce qu'il partage leur goût et de ce qu'il s'est rangé de leur opinion : son suffrage est de poids; on n'accusera pas cet amateur de manquer d'oreille.

L'éléphant, plein de reconnaissance pour M. Duvernois, qui, en donnant du cor, a paru le flatter plus que les autres musiciens, s'est agenouillé devant cet artiste, lui a passé sa trompe autour du corps pour le caresser et exprimer, à sa manière, tout le plaisir qu'il avait pris à l'entendre.

Éléphans reconnaissans.

Un soldat de Pondichéri, qui avait coutume de porter à un de ces animaux une certaine mesure d'*arac* chaque fois qu'il touchait son prêt, ayant un jour bu plus que de raison, et se voyant poursuivi par la garde, qui voulait le conduire en prison, se réfugia sous l'éléphant et s'y endormit. Ce fut en vain que la garde tenta de l'arracher de cet asile; l'éléphant le défendit avec sa trompe. Le lendemain le soldat, revenu de son ivresse, frémit, à son réveil, de se voir couché sous un animal d'une grosseur si énorme; l'Éléphant, qui sans doute s'aperçut de son effroi, le caressa avec sa trompe, pour dissiper sa crainte, et lui fit entendre qu'il pouvait s'en aller.

Dans un *Voyage de Siam*, on rapporte ce trait singulier : Entre Siam et Porcelone, existait un éléphant, voleur de grand chemin, qui se jetait sur les passans, les renversait, les dépouillait, et portait ce qu'il leur dérobait dans une caverne où tout était rangé en fort bon ordre. Un marchand cochinchinois est surpris et renversé par l'éléphant, qui, au lieu de lui faire mal, lui présente le pied en poussant un cri. Le voyageur reprend courage, regarde le pied, et en arrache une grosse épine. L'éléphant se met aussitôt à le caresser, le prend avec sa trompe, le place sur son dos, le mène à sa caverne, lui montre son trésor, et s'en va. Le marchand fit son rapport aux magistrats de Porcelone, qui lui adjugèrent une partie de ce qui était dans la caverne. Le reste fut rendu à ceux qui reconnurent leur bien.

Éléphans repentans.

En Afrique, on emploie l'éléphant à toutes sortes de travaux dont il s'acquitte avec beaucoup d'intelligence et d'adresse : il aime qu'on lui sache gré de son travail, et ne veut pas être frappé mal à propos. L'histoire naturelle du cabinet du Roi fait mention d'un éléphant qui, ayant été maltraité par son cornac, s'en vengea en le tuant. La femme de ce malheureux, témoin du meurtre, prit ses enfans, les jeta aux pieds de l'animal encore tout furieux, en lui disant : « Puisque tu as tué mon mari, ôte-moi aussi la vie, ainsi qu'à mes enfans. » L'animal s'arrêta tout court, s'adoucit, et comme s'il eût été touché de regret, prit avec sa trompe le plus grand des enfans, le mit doucement sur son cou, l'adopta pour son cornac, et n'en voulut jamais souffrir d'autre.

On lit dans Arrien qu'un éléphant mourut de regret d'avoir tué son conducteur dans un mouvement de colère.

L'Éléphant de Pyrrhus.

Fabricius, général romain, avait été envoyé comme ambassadeur auprès du roi d'Épire. Celui-ci, qui désirait la paix, crut le mettre dans ses intérêts en lui offrant des sommes considérables; mais Fabricius n'entendit jamais rien à ce sujet. Pyrrhus voulant éprouver son courage, commanda à ses gens que, tandis qu'il s'entretiendrait avec lui, ils fissent approcher son plus grand éléphant derrière une tapisserie. Le général romain n'avait jamais vu aucun de ces animaux. L'ordre du roi fut rempli; et à un signal convenu, la tapisserie fut tout-à-coup enlevée, et l'éléphant parut, jetant un cri terrible et levant sa trompe sur la tête de Fabricius. Celui-ci, sans se troubler, se retourna, et dit à Pyrrhus en souriant : « Votre éléphant ne m'émeut pas plus aujourd'hui que votre or hier. »

Les historiens rapportent que, dans le fameux combat qui se livra dans la ville d'Argos, où Pyrrhus perdit la vie, un éléphant s'étant aperçu que son maître était tombé dans la foule des morts, donna de front contre ceux qui reculaient sur lui, et renversa pêle-mêle amis et ennemis, jusqu'à ce qu'il eût retrouvé celui qu'il cherchait. Il le releva alors avec sa trompe; et le portant sur ses défenses, il recula vers la porte de la ville, comme un forcené, culbutant et foulant aux pieds tout ce qui se rencontrait sur son passage, et l'emporta ainsi loin des ennemis.

L'Eléphant de César.

Polyen, dans ses *Ruses de Guerre*, raconte que César, étant dans l'île de Bretagne, voulait passer un grand fleuve. Cassivellaune (ou Cassanollan), roi des Bretons, s'opposait au passage avec une cavalerie nombreuse et beaucoup de chariots. César avait un très grand éléphant, animal que les Bretons n'avaient jamais vu. Il l'arma d'écailles de fer, lui mit sur le dos une grande tour garnie de gens de trait et de frondeurs, tous adroits, et les fit avancer dans le fleuve. Les Bretons furent frappés d'étonnement à l'aspect d'une bête si énorme qui leur était inconnue. On sait que, parmi les Grecs même, la vue d'un éléphant nu fait fuir des chevaux, à plus forte raison ceux des barbares ne purent supporter la vue d'un éléphant armé et chargé d'une tour d'où volaient des pierres et des traits. Bretons et chariots attelés, tout cela prit la fuite; et les Romains, par le moyen de la terreur que donna un seul animal, passèrent le fleuve sans danger.

L'Eléphant blanc.

On lit dans l'histoire des Chinois, que Kekia, philosophe indien, né environ mille ans avant Jésus-Christ, a émis le premier l'opinion de la métempsycose : les Indiens, qui ont embrassé ce système, croient qu'à sa mort son âme a passé dans le corps d'un éléphant blanc; c'est pourquoi ils ont tant de vénération pour cet animal. Un des principaux articles du luxe du roi de Siam, ce sont ses éléphans : aussi a-t-il grand soin, dans les titres dont il accompagne son nom, de mettre *le roi de tant d'éléphans*. On les mène à la rivière au son des instrumens, et l'on a coutume de porter des parasols devant eux. Ce monarque possède un éléphant blanc qui est gardé par cent officiers, servi en vaisselle d'or, promené sous un dais, et logé dans un pavillon magnifique, dont les lambris sont dorés. Les ambassadeurs que Chaou-Narie envoya à Louis XIV, furent très étonnés de ce que ce prince n'avait point de ces animaux dans ses écuries.

Elien raconte qu'un seigneur indien trouva un jeune éléphant blanc qu'il éleva avec grand soin. Cet animal lui servait de monture ordinaire et lui donnait toutes les marques de la plus tendre amitié. Le roi, informé de sa douceur et de son adresse, le demanda pour lui; mais le seigneur à qui il appartenait ne put s'en détacher; et, pour éviter les suites de son refus, il se sauva dans des montagnes. On l'y poursuivit par ordre du prince; ce fugitif, monté sur le haut d'un rocher, y soutint un long assaut, parant les traits et se défendant à coups de pierre, parfaitement secondé par son éléphant, qui les jetait avec toute la justesse possible. Les soldats montèrent néanmoins malgré cette courageuse résistance. Alors l'animal, plein de fureur, se jeta au milieu d'eux, en renversa plusieurs avec sa trompe, les écrasa, mit les autres en fuite, reprit son maître blessé, et se retira avec lui.

Eléphant de la cinquième Légion.

A la bataille de Tapsus, en Afrique, où Scipion et Juba furent vaincus par César, un éléphant, blessé et furieux, se jeta sur un malheureux valet d'armée; et, le tenant sous un pied, lui appuyant le genou sur le ventre, l'écrasant de tout le poids de son corps, il le maltraitait et achevait de le tuer à coups redoublés de sa trompe. Un soldat vétéran, indigné à la vue de cet affreux spectacle, courut à l'éléphant, les armes à la main. Aussitôt l'animal guerrier laisse le valet, saisit le soldat avec sa trompe, dont il l'enveloppe, et l'élève en l'air tout armé. Dans un si pressant danger, le soldat rappelle tout son courage, et se met à frapper sur la trompe de l'éléphant avec l'épée qu'il avait à la main. La douleur force l'animal de lâcher prise. Il jette son ennemi par terre, et court, avec de grands cris, rejoindre la troupe des autres éléphans. Depuis ce tems, la cinquième légion, dont ce soldat valeureux faisait partie, porta un éléphant dans ses enseignes.

L'Eléphant du roi de Pégu.

Un voyageur de la Chine étant à Pékin, vit les écuries de l'empereur. Le gouverneur de l'écurie fit faire aux éléphans plusieurs choses curieuses en présence de l'ambassadeur du Czar, telles que de rugir comme les tigres et les lions, de mugir comme les taureaux, de hennir comme le cheval, et d'imiter le chant des oiseaux; ils contrefirent jusqu'au son de la trompette. Tous ces éléphans étaient d'une grosseur extraordinaire; quelques-uns avaient les dents longues de six pieds. Le roi de Siam en avait fait présent à l'empereur de la Chine.

Vincent Leblanc, dans la relation de ses Voyages, dit que le roi de Pégu, dans les Indes, a des éléphans blancs d'une force prodigieuse. Ce prince se plaît à se faire traîner par ces éléphans sur un *telanzin*, qui est une espèce de litière couverte et à quatre roues. « Je le vis un jour, dit-il, qu'il fit appeler son *naugis*, ou cocher, pour lui faire venir son *telanzin*, voulant aller à la promenade. Il y avait auprès de lui deux de ses éléphans qu'il faisait voir au prince de Sonac à qui il vantait leur force; l'un des deux partit aussitôt, alla prendre cette voiture, avec tout son attirail et rouage, la porta devant le roi avec ses dents, la posa tout doucement à terre, comme si c'eût été une chose de peu de poids, quoiqu'elle pesât environ cinquante quintaux. Cette action plut tant au roi, qu'il commanda dès-lors qu'avec sa portion ordinaire, on lui donnât tous les jours dix livres de sucre de plus. »

Eléphans aimans.

Pline rapporte qu'un éléphant aimait, en Égypte, une bouquetière, et que cette beauté était la favorite du fameux grammairien Aristophane. Un autre se prit de passion pour Ménandre de Syracuse, qui était dans la fleur de sa jeunesse et qui servait dans l'armée de Ptolémée, tellement qu'il ne mangeait point quand il était quelque tems sans le voir. Juba fait aussi mention d'un éléphant qui aimait une marchande de parfums. Tous trois marquaient, dit-on, leur affection par des transports de joie à la vue de la personne aimée, par les folles caresses qu'ils lui prodiguaient. Il n'est pas surprenant qu'ils aient de l'affection, puisqu'ils ont de la mémoire. Un homme qui, dans sa jeunesse, avait été conducteur d'éléphans, en fut reconnu après bien des années, et dans sa vieillesse, selon le récit du même Juba.

Traits de réflexion des Éléphans.

Le capitaine Hamilton vit à Achem, dans l'île de Sumatra, un éléphant qu'on y gardait depuis plus de cent ans, et qui passait pour en avoir plus de trois cents. Il avait près de onze pieds de haut, et l'on remarquait en lui une intelligence, une sagacité extraordinaires. Hamilton en cite un exemple dans ce trait singulier de vengeance : cet éléphant était dans l'usage d'alonger sa trompe dans les boutiques ou aux fenêtres des maisons quand il passait dans les rues, comme pour demander des fruits ou des racines que les habitans se faisaient un plaisir de lui donner. Un matin, en allant à la rivière pour se laver, il présenta l'extrémité de sa trompe aux fenêtres d'un tailleur; cet homme, au lieu de lui donner ce qu'il désirait, le piqua avec son aiguille; l'éléphant parut ne faire aucune attention à cette insulte, il alla tranquillement à la rivière et se lava; mais cela fait, il remua le limon et aspira une grande quantité de cette eau fangeuse dans sa trompe, puis passant nonchalamment du côté de la rue où était la boutique du tailleur, il s'avança vers la fenêtre et lui lança une fusée d'eau avec une force si prodigieuse, que le coupable et ses garçons furent renversés de leur établi, et frappés d'une terreur panique.

Le trait suivant démontre encore combien les éléphans sont susceptibles de réflexion. A Pondichéri, on chargea un éléphant de porter chez le chaudronnier une chaudière percée. C'est un amusement, quand on leur a bien fait comprendre ce dont il est question, de les employer ainsi à de petits messages sans conducteurs. L'éléphant s'acquitte de sa commission, attend que l'ouvrier ait fait son travail, et rapporte la chaudière; mais le racommodage était mal fait et la chaudière coulait encore. On la montre à l'éléphant qui retourne chez l'ouvrier maladroit. Pour lui faire sentir sa faute, et avant d'arriver, il remplit la chaudière d'eau à une fontaine voisine, et, la trompe haute, il la porte au-dessus de la tête du chaudronnier, de façon que le filet d'eau lui arrose le visage.

Elien rapporte qu'un éléphant ayant vu

son maître égorger sa femme et l'enterrer dans un coin de sa maison, lorsque cet homme se remaria, l'éléphant conduisit la nouvelle mariée au lieu où le cadavre était caché, le déterra avec sa trompe, et l'exposa à ses yeux, pour l'instruire par-là qu'elle avait des précautions à prendre pour ne pas subir le même sort.

L'Eléphant Baba.

En 1812, nous avons admiré à Paris, au cirque des frères Franconi, un bel éléphant venant de la Hollande, et dont quelques particularités du voyage ajouteront à ce que nous venons de rapporter de la réflexion de ces sortes de bêtes qui nous paraissent si matérielles. Ce superbe animal, appelé Baba, haut de onze pieds, fut embarqué à Amsterdam, le 5 octobre, sur un grand bâtiment frêté exprès par le propriétaire pour le transporter à Bruxelles. Le premier jour de navigation, l'éléphant parut assez tranquille; mais le second jour, un vent assez violent ayant occasioné un roulis qui l'incommodait beaucoup, il chercha par toutes sortes de précautions à assurer son énorme masse, tantôt se servant de sa trompe comme d'un appui, tantôt se mettant sur le côté opposé de celui où penchait le navire, s'imaginant par le poids de son corps le remettre dans son équilibre ; mais s'apercevant que tout cela était inutile, il devint inquiet et mélancolique : bientôt même il refusa de prendre aucune nourriture. Les vents continuant à souffler avec violence, il resta dans la même situation jusqu'au 8. Alors cet animal commença à gémir et à répandre abondamment des larmes. Son cornac le voyant dans cet état de tristesse s'approche de lui, lui parle, le caresse et l'assure qu'il n'y a aucun danger, et que le voyage est à sa fin. Quelle fut la surprise de cet homme lorsque l'éléphant, qui avait compris son discours et ses gestes rassurans, l'embrasse de sa trompe, le presse avec affection contre sa poitrine, et par divers autres signes, lui témoigne toute sa satisfaction : scène vraiment touchante, qui prouve combien cet animal est sensible aux bons traitemens et combien il a d'intelligence. Depuis ce moment l'éléphant a été tranquille, et une douzaine de bouteilles de rhum qu'on lui fit boire ranimèrent son courage abattu. Dès lors, il commença à pe ndre sa nourriture ordinaire, c'est-à-dire, à manger cent livres de pain, trente livres de foin, un panier de pommes de terre et une bonne quantité de carottes, et il s'est constamment bien porté. A son arrivée à Paris il est entré au Cirque olympique où il a fait l'admiration des spectateurs, tant par sa douceur et son obéissance, que par son intelligence et son attachement à son cornac.

Epervier sacré.

Les Égyptiens rendaient des honneurs divins à l'épervier. On l'adorait dans le gouvernement de Farbethites, appelé *Bayeth*, du nom qu'ils donnaient aussi à l'épervier, considéré chez eux comme le symbole du soleil. *Bai* signifie en vieux cophte, la vie, et *eth*, le cœur. « L'âme, disaient-ils, qui est la source de la vie, est située principalement dans le cœur, de même le soleil étant l'âme et la vie du monde, a son siége dans le cœur de l'univers. Celui qui tuait un épervier était condamné à mort par les lois du pays; au contraire, celui qui enterrait cet oiseau avec quelque sorte de pompe funèbre, ou qui le transportait dans la ville de Buris, était très considéré.

Aristote dit qu'il s'est établi entre les éperviers et les habitans d'un canton de la Thrace, une espèce de société; que les premiers poursuivent les petits oiseaux, et les forcent à se rabattre sur la terre, que les seconds les tuent à coups de bâton, les prennent aux filets, et partagent la proie avec leurs associés.

Les Escargots d'Hirpinus.

Fulvius Hirpinus est le premier qui ait songé à s'occuper de ces animaux. Peu de tems avant la guerre civile entre César et Pompée, il établit dans sa maison de Tarquinie des réservoirs d'escargots. De plus, il inventa la manière de les engraisser avec du vin cuit, de la farine et d'autres ingrédiens; il y en eut qui devinrent si gros, que la coquille d'un seul pesait deux livres et demie, et contenait vingt livres de liqueur, au rapport de Marcus Varron. Leur vie est d'une tenacité extraordinaire; on a des exemples que des escargots se sont ranimés après avoir été conservés pendant quinze ans dans des cabinets d'histoire naturelle; et, ce qui est bien plus étonnant encore, c'est qu'après en avoir mis dans un vase rempli à deux reprises d'eau bouillante, on a vu, le lendemain matin, les uns ramper sur le bord du vase, d'autres sur la table, et d'autres encore occupés à manger.

Dans une famine qui affligea une partie de l'Angleterre, il y a 70 ans, on observa que, tandis que le peuple était maigre et exténué de faim, deux filles qui ne vivaient que d'escargots, prirent un embonpoint très remarquable, et ne s'aperçurent nullement de la disette.

Esturgeons fameux

Il y a environ trente ans qu'on prit un esturgeon dans l'Esk, qui pesait quatre cent soixante livres ; c'était le plus grand de tous ceux qu'on avait jamais pris dans les rivières d'Angleterre. En 1758, on en prit un en Italie qui pesait cinq cent cinquante livres, et qui fut présenté au Pape par le duc de Carpenetto. Leeuwenhoek a trouvé dans un de ces poissons cent cinquante milliards d'œufs. Du tems de l'empereur Sévère, on estimait tellement l'esturgeon, qu'il était porté solennellement sur la table, par des hommes dont la tête était ceinte de couronnes ; et des musiciens précédaient ce cortège.

La délicatesse de ce poisson peut avoir donné lieu à la coutume que le lord-maire de Londres a d'en présenter un tous les ans au roi.

L'Etourneau de Brutus et de Germanicus.

L'étourneau vit vingt ans et plus ; il est fort docile, on l'apprivoise facilement. Pline rapporte que les deux jeunes princes Brutus et Germanicus, fils de l'empereur Claude, avaient un étourneau qui parlait grec et latin. « Cet oiseau étudiait seul, dit-il, les leçons qu'on lui donnait; on lui entendait dire journellement quelque chose de nouveau; il répétait même quelquefois des discours entiers et suivis. »

Fourmis de Paramaribo

Selon Pline, la fourmi est le plus fort de tous les animaux, parce qu'il n'en est point qui, à proportion de sa grandeur, puisse porter ou traîner un aussi lourd fardeau que cette petite bête. Cicéron lui attribue de l'intelligence, de la mémoire, du jugement, une raison presque divine. Hérodote, Pline, Solin, Pomponius Mela, Philostrate et d'autres auteurs, tant anciens que modernes, font mention de certaines fourmis des Indes, qui, pour la grandeur, tiennent le milieu entre le chien et le renard. Busbeq assure avoir vu en Turquie une fourmi des Indes de la grandeur d'un chien de moyenne taille. Smeathman dit dans les *Transactions Philosophiques*, en parlant des fourmis blanches des Indes orientales et qui se trouvent également dans plusieurs parties de l'Afrique et de l'Amérique méridionale, que leurs fourmilières sont si élevées et quelquefois si nombreuses que, si on les regarde à une petite distance, elles ont l'apparence d'un village habité par des nègres. Jobson, dans son *Histoire de Gambie*, assure que quelques-unes de ces fourmilières ont vingt pieds de hauteur, et que lui et ses compagnons se sont souvent cachés derrière pour y chasser la bête fauve et d'autres animaux sauvages. Quelques voyageurs rapportent qu'à Paramaribo, colonie hollandaise dans la province de Surinam, il y a des fourmis que les Portugais appellent *Fourmis de visite*; elles marchent en troupe. Lorsqu'on les voit venir, on ouvre tous les coffres et les armoires qui sont dans les maisons; elles y entrent, et en exterminent les rats, les souris et tous les autres animaux nuisibles. On voudrait bien les voir souvent, mais elles sont quelquefois jusqu'à trois années sans paraître. Si quelqu'un était assez ingrat pour les fâcher, elles se jetteraient sur lui, et mettraient en pièces ses bas et ses chaussures.

Singulière expédition des Fourmis.

Pendant le séjour que le voyageur Smith fit au cap-Corse, une armée de fourmis vint fondre sur le château; le jour commençait à poindre, lorsque l'avant-garde entra dans la chapelle, où des domestiques nègres dormaient étendus sur des nattes. Ils ne tardèrent pas à se réveiller dès le premier mouvement de cette incursion; ils se hâtèrent d'en avertir le capitaine, qui ne put revenir de son étonnement, à la vue de ces phalanges. En effet, tel était le nombre des ennemis défilant sur plusieurs colonnes, que l'arrière-garde était encore à la distance d'un quart de mille.

Le lecteur rira sans doute quand il saura que l'on tint conseil en cette rencontre; mais rien n'est plus avéré. Après une prompte délibération, il fut décidé que l'on répandrait de larges traînées de poudre à canon sur les sentiers des fourmis, et dans tous les endroits où elles commençaient à se répandre comme un torrent débordé. La chose fut exécutée sans délai : il était tems ; car plusieurs négrillons étaient déja couverts, des pieds à la tête, de fourmis grosses comme le pouce, et ils jetaient les hauts cris. Ce fut ainsi que l'on fit sauter plusieurs millions de ces insectes, qui couraient déjà çà et là dans les cours du château. L'arrière-garde ayant été bientôt avertie du danger par plusieurs des chefs, ils retournèrent sur leurs pas, et regagnèrent en bon ordre leurs habitations, où des légions d'autres fourmis étaient dans l'attente, soit pour partager le succès de cétte expédition, soit pour venir au secours, en cas que leur général les mandât.

Les Fourmis de Francklin.

Francklin, persuadé que ces petites créatures avaient les moyens de se communiquer leurs pensées ou leurs désirs, fit plusieurs expériences qui le confirmèrent dans cette opinion. Ce célèbre philosophe américain avait mis dans un cabinet un vase rempli de mélasse; nombre de fourmis s'y introduisirent et mangèrent la mélasse. Quand il s'en aperçut, il chassa toutes les fourmis, attacha le vase avec une corde à un clou qui tenait au plafond; une seule fourmi resta par hasard dans ce vase, ainsi suspendu; elle mangea jusqu'à ce qu'elle fut rassasiée : lorsqu'elle voulut sortir, elle fut quelque tems sans trouver de passage, elle chercha, mais en vain, une issue au fond du vase; enfin elle suivit la corde, gagna le plafond, courut le long de la muraille, et descendit à terre. Il s'était à peine écoulé une demi-heure, qu'un innombrable essaim de fourmis sortit de ses trous, grimpa au plafond, descendit le long de la corde dans le vase plein de mélasse, et en mangea à son aise. Ce manége dura tant qu'il y eut quelque chose à manger. Pendant qu'une fourmi descendait le long de la corde, une autre montait.

Bosman dit que durant son voyage en Guinée, souvent un des moutons de son troupeau était attaqué la nuit par des fourmis qui lui donnaient la mort, et que le lendemain matin il n'en restait plus que le squelette.

Les Fourmis secourables.

« Les fourmis étaient en hostilité ouverte avec moi pour mon sucre, dont je ne suis guère moins friand qu'elles, dit M. Dupont de Nemours, dans ses Mémoires. J'avais placé le sucrier dans une île, c'est-à-dire au milieu d'une jatte d'eau. Il fallut imaginer le moyen de forcer ma forteresse, et voici le parti que prirent mes petites adversaires. Elles montèrent le long du mur, jusqu'au plafond, bien perpendiculairement au-dessus du sucrier, et de là, il s'en laissa tomber un assez grand nombre dans la place.

Mais le plancher étant élevé, le moindre courant d'air pouvait les faire dévier, et plusieurs tombèrent à côté du sucrier, dans la jatte.

Celles qui étaient les plus proches de la tour au sucre, y arrivèrent à la nage; d'autres se noyèrent; d'autres gagnèrent le bord extérieur, après avoir été témoins du malheur de leurs compagnes. Elles auraient bien voulu leur rendre service, mais elles n'osaient. Quelques-unes se tenant par une patte de derrière au rivage, s'allongeaient autant qu'elles pouvaient vers celles qui nageaient encore, mais elles craignaient de se remettre à l'eau sur un aussi grand lac; elles en amenaient d'autres de la même taille, qui tentaient la même manœuvre, avec le même zèle et la même timidité. Enfin, quelques-unes s'avisèrent de retourner à leur ville. Elles amenèrent une petite escouade de huit grenadières, qui se jetèrent à l'eau sans balancer, et nageant vigoureusement, saisirent dans leurs pinces et rapportèrent à bord tous les noyés.

Là, quel fut mon étonnement de les voir, grandes et petites, donner à ces noyés à peu près les mêmes secours qui servent à rappeler les nôtres à la vie. Elles les roulèrent dans la poussière; elles les frottèrent; elles s'étendirent dessus pour les réchauffer; elles les roulèrent et les frottèrent encore. Plusieurs concouraient au travail pour chaque noyé. Sur onze fourmis qui avaient perdu connaissance, et qui seraient mortes si on ne leur eût pas porté secours, elles en ranimèrent quatre parfaitement, et en emportèrent une malade, mais qui remuait un peu les pattes et les antennes. Elles emportèrent de même les six autres, qui ne donnaient aucun signe de vie.

M. Pia et notre savant collègue Portal, de l'Institut, ajoute M. Dupont de Nemours, ne nous en ont pas appris beaucoup plus; ils n'auraient pu nous en apprendre davantage, si nous n'eussions pas su faire du feu, et employer la fumée des plantes stimulantes. »

La Génisse de Cyzique.

Plutarque, dans la Vie de Lucullus, rapporte que la ville de Cyzique étant assiégée par Mithridate, et les habitans manquant de victime pour la fête de Proserpine, une genisse qui était consacrée à la Déesse, et destinée à servir au sacrifice, quitta les pâturages où elle était nourrie, au-delà des lignes des assiégeans, se jeta à la nage, traversa un bras de mer, et entrant dans la ville, se présenta elle-même à l'autel pou être immolée. Cela fut remarqué comme un heureux présage. Effectivement, peu après Lucullus fit lever ce siége à Mithridate, et remporta une victoire complète sur ce monarque.

Goelands de la Norwège.

Dans la Norwège, sur le rocher nommé Fouls, où les goelands bruns sont communs, les habitans ont pour ces oiseaux une grande vénération, parce qu'ils prétendent qu'ils garantissent les troupeaux des attaques de l'aigle, en le combattant et le poursuivant avec tant de fureur, que cet oiseau vorace n'ose pas approcher des lieux qu'ils habitent.

Les insulaires des îles Feroë s'exposent aux plus grands dangers pour prendre ces oiseaux sur les rochers où ils font leurs nids, à une hauteur prodigieuse. M. Peter Clanson, dans sa *Description de la Norwège*, dit qu'anciennement il existait une loi dans ce pays, qui ordonnait au plus proche parent de celui qui avait péri en grimpant sur ces rochers, d'exécuter la même entreprise ; s'il s'en déclarait incapable, le corps du mort n'était point enterré en terre sainte, étant regardé comme coupable de sa mort par son imprudente témérité.

Grenouille apprivoisée.

Le docteur Godefroy Schultzius rapporte dans les *Ephémérides d'Allemagne*, qu'un chirurgien de Breslaw a nourri pendant huit ans une grenouille dans un verre cylindrique couvert d'un réseau, en lui donnant en été de l'herbe fraiche; et en hiver un peu de foin mouillé, quelquefois aussi des mouches, qu'elle prenait très adroitement avec sa bouche béante. L'hiver, elle restait vive et alerte pour attraper sa proie, parce qu'elle était tenue dans une étuve où elle ne ressentait aucunement la rigueur du froid. Cependant elle maigrissait toujours dans cette saison, n'ayant pas autant de nourriture qu'en été ; mais quand l'hiver était passé, elle recouvrait son embonpoint moyennant les mouches et moucherons qu'on lui donnait abondamment. Quelquefois on la délivrait de sa prison, et elle sautait çà et là par la chambre. Enfin, le huitième hiver, comme les mouches manquaient totalement, elle périt de maigreur. Le docteur Townson avait également des grenouilles sur une croisée où était placé un vase plein d'eau: elles s'apprivoisèrent bientôt, et il donna à deux d'entre elles, qui étaient ses favorites, les noms de *Damon* et de *Musidora*. Elles venaient prendre dans ses doigts les mouches qu'on leur offrait.

Dans la Virginie, elles sont en grande quantité; il n'y a guère de source où il ne s'en trouve une couple: les habitans les respectent comme les génies protecteurs des fontaines, ils croient qu'elles en purifient l'eau.

MM. Arnault de Nobleville et Salerne rapportent, dans leur *Histoire naturelle des Animaux*, que dans une pêche où l'on prit un brochet, on trouva dans le corps de ce poisson une anguille, et qu'ayant coupé l'anguille, il en sortit une grenouille vivante qui se mit à sauter sur la table.

Quand Octave commença à parler, il se se trouvait dans une métairie de ses aïeux, où les grenouilles faisaient un grand bruit; il leur commanda de se taire, elles obéirent; Suétone, qui rapporte ce trait, ajoute qu'elles n'y ont plus coassé depuis. Sans le rapport de cet historien, on ne se douterait pas jusqu'où s'étend le pouvoir des grands hommes dans leur enfance !

Les Grillons de Scaliger.

Beaucoup de gens sont persuadés que la présence des grillons porte bonheur, et que, si on les éloignait ou si on les tuait, il arriverait infailliblement quelque malheur dans la famille.

Le docteur Emmanuel Konig rapporte, dans les *Ephémérides d'Allemagne*, qu'en Afrique on nourrit des grillons dans des cages de fer, et qu'ils s'y vendent à un prix élevé, parce que leur chant procure un doux sommeil; il ajoute que les habitans de Fez sont très curieux de cette musique.

Le savant Scaliger se plaisait particulièrement à entendre le chant des grillons, et il conservait, pour son amusement, plusieurs de ces insectes enfermés dans une boîte, qu'il plaçait soigneusement dans un endroit chaud. Si quelques-uns sont amateurs de la musique des grillons, il paraît que ces petites bêtes n'aiment pas la nôtre. Ledel raconte qu'une femme, qui était fort incommodée de leur chant continuel, et qui avait essayé, mais en vain, de tous les moyens pour les bannir de sa maison, y réussit enfin par hasard. Ayant fait une noce chez elle, le bruit des violons et des trompettes effraya sans doute les grillons, car ils abandonnèrent leur retraite, et disparurent tout-à-fait.

Les Grues d'Ibicus.

Les Indiens croient que les âmes des Brachmanes animent les grues, et que, par conséquent ces oiseaux sont invulnérables. Ils ont pour eux, ainsi que les Africains, la plus profonde vénération. Thomas Smith rapporte qu'un M. Smeathman a élevée en Afrique une grande grue qui était devenue extrêmement familière. Pendant le dîner, elle se plaçait régulièrement à table derrière la chaise de son maître; elle restait quelquefois dans la salle pendant une demi-heure après le dîner, tournant la tête de côté et d'autre, comme si elle eût pris part à la conversation. Elle se nourrissait d'oiseaux, de reptiles et de petits quadrupèdes; un jour elle avala tout entier le chat de la maison.

Ces oiseaux ont fait découvrir les meurtriers d'Ibicus. Ce célèbre poète lyrique grec, devait épouser la jeune Néréis. Quelques jours avant la noce, son amante exigea de lui qu'il allât à Orope consulter Amphiaraüs, le Dieu des Songes, sur leur hymen. Il revenait de ce pélerinage, et composait, chemin faisant, l'épithalame de son mariage. L'enthousiasme poétique s'empara tellement de son esprit, qu'il s'oublia, s'égara et vagua tout le jour dans les champs, hors de lui-même, ivre de poésie et d'amour. Au coucher du soleil, il ne reconnaît point les lieux où il se trouve, ni la route qu'il doit tenir. Il aperçoit une espèce de pâtre; il court à lui, et lui demande le chemin d'Athènes. « Vous en êtes un peu éloigné; mais si vous le désirez, je vous mettrai sur la route. » Ibicus accepte, et promet un salaire. Son guide le mène à travers les montagnes. La nuit s'élève, l'ombre s'étend; déjà ils ne marchaient qu'à la lueur du crépuscule. « Eh bien, avançons-nous? demande Ibicus. — Oui, nous approchons. Mais j'aperçois deux hommes qui m'inquiètent : ils ont mauvaise mine. — Qu'importe leur mine; ne sommes-nous pas deux aussi? — Puisque vous êtes si brave, préparez-vous au combat, car ils viennent à nous. » Le poète s'arme de son bâton, et attend fièrement ses assassins, son conducteur se place derrière lui, et le frappe d'un poignard. Ibicus se retourne furieux, et d'un coup de bâton l'étend par terre. Soudain les deux autres scélérats l'assaillent l'épée à la main : il se défend long-tems avec une bravoure extrême; il casse le bras à l'un d'eux, mais l'autre à l'instant le perce d'un coup d'épée. Ibicus tombe, et, avant d'expirer, voit une troupe de grues qui passaient sur sa tête: «Ces oiseaux, dit-il aux brigands, sont témoins de votre crime, il ne restera pas impuni. »

Six mois s'écoulèrent; et, malgré les

plus grandes perquisitions, les assassins, enveloppés dans leur secret, bravaient la vindicte publique. Mais un jour, dans le marché d'Athènes, ils aperçurent des grues; l'un d'eux dit en riant à ses camarades : « Voilà les témoins du poète Ibicus. » Comme sa mort avait fait beaucoup de bruit, une jeune fille de quatorze ans, ayant ouï le propos, prévenue d'ailleurs par la mauvaise mine des trois personnages, courut le répéter à un archonte. Sur ce faible indice, ils furent arrêtés : leur trouble, l'ambiguïté de leurs réponses confirmèrent les soupçons : on leur donna alors la question. La force des tourmens leur arracha l'aveu de leurs crimes, et ils furent condamnés à être précipités dans le Barathre.

On dit que les grues veillent de façon que celles qui font le guet, tandis que les autres dorment, se soutiennent par un pied, tenant chacune une pierre à l'autre pied, afin que si elles s'endormaient, la pierre venant à tomber les réveillât par le bruit de la chute. C'est à leur imitation, dit Ammien Marcelin, qu'Alexandre-le-

Grand tenait à la main, au-dessus d'un vase d'airain, près de son lit, lorsqu'il voulait veiller, une boule d'argent qui, quand il se laissait aller au sommeil, le réveillait par le bruit sonore qu'elle faisait en tombant.

Les Hannetons d'Irlande.

En 1688, on vit sur les haies et les arbres de la côte Sud-Ouest du comté de Galway une multitude effrayante de hannetons suspendus par les pattes les uns aux autres comme des essaims d'abeilles. Pendant le jour ils se tenaient tranquilles, mais le soir ils se mettaient en mouvement; et leurs bourdonnemens imitaient le bruit d'un tambour éloigné. Telle était leur affluence, que dans l'espace de plus d'une lieue carrée, ils obscurcissaient l'air. Les voyageurs et les paysans qui revenaient des champs avaient de la peine à se frayer un chemin à travers ces insectes, car ils se jetaient sur leur visage et les incommodaient excessivement. En peu de tems les feuilles des arbres furent détruites à plusieurs milles à la ronde, Quoique l'on fût à peine en été, la campagne était aussi nue et aussi désolée que si l'on eût été au cœur de l'hiver. Le bruit que ces innombrables essaims faisaient en rongeant les feuilles, était semblable à celui produit par une scie. Les Irlandais du canton, voyant leurs récoltes perdues sans ressource, prirent le parti d'accommoder les hannetons mêmes et de les manger.

On lit dans les *Transactions philosophiques*, qu'au mois de février 1574, on vit, dans les parties occidentales de l'Angleterre, une si grande multitude de ces insectes, que ceux qui tombèrent dans la rivière Savern embarrassèrent les roues des moulins.

Un particulier de Blois fit détruire, en 1785, les hannetons par des enfans et par des pauvres, à qui il donnait deux liards du cent. Au bout de quelques jours on lui en avait apporté quatorze mille. Ainsi, pour la modique somme de trois livres dix sous, il détruisit deux ou trois millions d'œufs qui, s'ils eussent éclos et eussent prospéré, eussent fait dans l'intervalle de quatre ans un dégât de plusieurs millions de livres, selon le calcul qu'en fait Anderson, dans ses *Récréations d'agriculture.*

Le Hareng de Galama.

Le golfe de Zuiderzée, d'où les vaisseaux hollandais entrent dans l'Océan, était, sous Guillaume II, roi des Romains et comte de Hollande, couvert d'abondans pâturages. Hotman Galama, gentilhomme Frison, avait des terres dans ce district : un jour qu'il se promenait dans ses prés, il aperçut un hareng dans une fosse qui n'avait aucune communication apparente avec la mer. Il jugea qu'il fallait qu'elle eût lieu sous terre, et que le terrain sur lequel il marchait était creux; d'où il conclut que, sans cesse miné par un élément qui détruit les fondemens les plus solides, il ne pouvait long-tems subsister. Il se pressa de vendre ses biens, et du produit, il acheta un village que ses descendans possèdent encore. Ce hareng fut pour lui un envoyé du ciel; car le terrain fut abîmé, et les vaisseaux jettent aujourd'hui l'ancre dans ce même endroit où paissaient anciennement de nombreux troupeaux.

Philippe de Mesières, gouverneur de Charles VI, rapporte dans le *Songe du vieux Pèlerin*, qu'en 1389, aux mois de septembre et d'octobre, il se trouva une quantité si prodigieuse de harengs dans le détroit du Sund, « que, dans l'espace de plusieurs lieues, on pouvait, dit-il, les tailler à l'épée. »

Les anciens ne connaissaient point l'art de préserver les harengs de la corruption, en les salant avec du sel marin. Ce secret fut trouvé vers la fin du douzième siècle par Guillaume Beuckelst, de Biervliet, près de Sluys, dans la ci-devant Flandre hollandaise. Beuckelst mourut en 1397; et 150 ans après, l'empereur Charles V, pour honorer la mémoire de ce bienfaiteur des hommes, mangea un hareng sur sa tombe.

Les Harengs de Falstof.

Les Anglais assiégeaient depuis quatre mois la ville d'Orléans. Le duc de Bedfort, inquiet du succès de cette entreprise, envoya aux assiégeans un convoi de poisson salé : (on était alors en carême.) Falstof fut chargé de conduire ce convoi, avec une escorte de 1700 hommes. Charles VII en ayant été instruit, envoya le comte de Clermont, avec trois mille hommes, pour enlever le convoi. Mais Falstof, averti de son approche, se retrancha derrière ses chariots de harengs. Les Français l'attaquèrent et furent repoussés. Falstof les voyant en désordre, sortit de derrière son retranchement, et en fit un grand carnage. On nomma cette journée, *la journée des harengs.*

Le Roi des Harengs.

Martin, dans sa *Description des îles occidentales d'Ecosse*, dit qu'il y a un hareng de la double grosseur des autres, qui conduit tous les poissons de son espèce qui se trouvent avec lui dans un golfe ; partout où il va, il est suivi de toute la troupe. Les pêcheurs donnent à ce conducteur le nom de *roi des Harengs;* et si, par hasard, ils le prennent vivant, ils ont grand soin de le rejeter aussitôt dans la mer, persuadés que ce serait une espèce de *crime de lèse-ma-*

jesté que de mettre la main sur un poisson si respectable.

Le Hibou du Concile.

Vers l'an 1410, Sigismond, roi des Romains, ayant pressé le pape Jean XXIII de convoquer un concile pour mettre fin aux troubles qui désolaient la chrétienté, Jean convoqua le concile à Rome, où il arriva, selon le rapport de quelques historiens, une aventure assez extraordinaire. Dès l'ouverture de cette assemblée, après la messe, tout le monde ayant pris place, on vit tout-à-coup un gros hibou s'élancer d'un coin de l'église, planer sur les têtes des assistans, et regarder fixement le pape en jetant des cris aussi sinistres que terribles. A ce spectacle, le pape, épouvanté, se retira et rompit l'assemblée. Quelques jours après, le vilain animal ayant reparu dans une autre séance, et les prélats ne pouvant parvenir à le chasser de l'église, ils le tuèrent à coups de bâton. On remarqua dans la suite que le pape Jean XXIII, que le hibou avait fixé opiniâtrément au concile de Rome, fut déposé au concile de Constance.

Les Hiboux d'Agathocles.

Agathocles voulant donner du courage à ses soldats, laissa aller parmi eux une quantité de hiboux dont il avait fait provision, parce qu'étant consacrés à Minerve, ils étaient regardés comme d'un très bon augure par les Athéniens. Les Romains, au contraire, voyaient dans cet oiseau un mauvais présage.

Pline dit que, sous le consulat de Sextus Paspelius Hister et de Lucius Pedanius, un hibou entra jusque dans le sanctuaire du Capitole; à raison de quoi, le jour des nones de mars de cette même année, on purifia la ville par des sacrifices.

Cet oiseau, qu'on prend pour un animal tout-à-fait hétéroclite, n'est point étranger à l'amitié. Il s'attache vivement à ceux qui veulent bien pourvoir à ses besoins, et il leur rend avec usure affection pour affection. Il était devenu, par cette raison, l'oiseau chéri d'une femme des plus aimables et des plus spirituelles de la cour de Louis XV. Elle en avait toujours un qui faisait partie de sa société, l'admettant à sa toilette, à son jeu et partout où elle allait. Elle l'appelait son perroquet de compagnie ; il lui obéissait ponctuellement, savait l'amuser, et ne négligeait rien de ce qui pouvait lui plaire. C'était un contraste bien frappant que la laide face de cet oiseau près de la belle figure de sa maîtresse : aussi, lorsqu'il se tenait perché sur son épaule, quoiqu'elle fût naturellement fort jolie, elle en paraissait plus belle encore. Peut-être même y avait-il un grain de coquetterie dans le choix qu'elle avait fait d'un si vilain oiseau ; car de quoi la coquetterie ne tire-t-elle pas parti ?

Le Hibou d'Agrippa.

L'empereur Tibère ayant fait charger de fers Agrippa, un prisonnier s'approcha du disgracié, et lui dit qu'un hibou, qui était sur l'arbre où il s'appuyait, était un signe certain non seulement de sa prompte délivrance, mais encore qu'il serait revêtu de la dignité royale, le conjurant de se souvenir de celui qui lui annonçait ces bonnes nouvelles, quand il les aurait reconnues véritables. Effectivement, Caligula, devenu empereur, donna la liberté à Agrippa, le mit à la tête du gouvernement de plusieurs provinces, et lui fit prendre le titre de roi.

Hippopotame apprivoisé.

Le mérite de l'invention de la saignée, attribuée à l'hippopotame, dit M. de Jussieu, et l'idée qu'il vomissait du feu, avait tellement excité la curiosité des Anciens au sujet de cet animal amphibie, que quelques Édiles qui, dans le tems de la république romaine, voulurent mériter les bonnes grâces du peuple, lui en présentèrent en spectacle. Scaurus fut le premier, à ce que dit Pline, qui en fit paraître aux jeux publics; et long-tems après lui les auteurs ont remarqué, comme un trait de magnificence, que l'empereur Philippe en eût fait voir plusieurs dans les solennités des jeux séculaires qu'il célébra de son tems.

En 1731, un facteur de la compagnie d'Angleterre, nommé Galand, et le contremaître d'un vaisseau anglais, périrent dans la Gambra : un hippopotame vint prendre leur barque, et l'entraîna à fond avec lui. Pierre Gillius, dans une lettre adressée au cardinal d'Armagnac, dit avoir vu un hippopotame qui avait été apporté vivant d'Égypte à Constantinople; il était si doux, qu'il se laissait flatter et même ouvrir la gueule. Cosme Indopleustes, qui, du tems de l'empereur Justin, a écrit sur l'Inde et l'Éthiopie, atteste qu'il a vu une dent d'hippopotame, qui pesait treize livres. Pausanias, dans ses *Singularités d'Arcadie*, dit qu'il y avait chez les Proconnesiens une statue d'or, de Cybèle, dont la face était faite d'une dent d'hippopotame au lieu d'ivoire.

Hirondelles des Romains.

Cæcinna Volaterranus, chevalier romain et intendant des chariots du Cirque, avait coutume de porter à Rome des hirondelles prises dans celles des maisons de ses amis où elles avaient leurs nids ; et quand les chevaux de ses amis avaient remporté le prix de la course, il peignait ces hirondelles de la couleur du parti victorieux, et les laissait aller, sachant bien que chacune retournerait à son nid, et que, par ce moyen, ses amis seraient instruits de leur victoire.

Fabius Pictor raconte, dans ses *Annales*, que, lorsque les Lyguriens assiégeaient un fort où était une garnison romaine, on lui apporta une hirondelle prise sur ses petits, afin que, lui attachant un fil au pied, et faisant à ce fil un certain nombre de nœuds, il pût donner à connaître par ce moyen, aux assiégés, quel jour il leur arriverait du secours, pour que ce jour-là même ils fissent une sortie sur l'ennemi.

Buffon raconte qu'un cordonnier de Bâle ayant mis à une hirondelle un collier, sur lequel était écrit :

Hirondelle,
Qui es si belle,
Dis-moi, l'hiver, où vas-tu?

reçut, le printems suivant, et par le même courrier, cette réponse à sa demande:

A Athènes,
Chez Antoine.
Pourquoi t'en informes-tu?

Hirondelles secourables.

« J'ai vu une hirondelle qui s'était malheureusement, et je ne sais comment, pris la patte dans le nœud coulant d'une ficelle, dont l'autre bout tenait à une gouttière du collége des Quatre-Nations. Sa force épuisée, elle pendait et criait au bout de la ficelle qu'elle relevait quelquefois en voulant s'envoler.

» Toutes les hirondelles du vaste bassin entre le pont des Tuileries et le Pont-Neuf, et peut-être de plus loin, s'étaient réunies au nombre de plusieurs milliers. Elles faisaient nuage, toutes poussant le cri d'alarme et de pitié. Après une assez longue hésitation, et un conseil tumultueux, une d'entre elles inventa un moyen de délivrer leur compagne, le fit comprendre aux autres, et en commença l'exécution. On fit place : toutes celles qui étaient à portée vinrent à leur tour, comme à une course de bague, donner, en passant, un coup de bec à la ficelle. Ces coups, dirigés sur le même point, se succédaient de seconde en seconde, et plus promptement encore..... Une demi-heure de ce travail fut suffisante pour couper la ficelle, et mettre la captive en liberté. Mais la troupe, seulement un peu éclaircie, ajoute M. Dupont de Nemours, qui fut le témoin de cet évènement, resta jusqu'à la nuit, parlant toujours d'une voix qui n'avait plus d'anxiété, comme se faisant mutuellement des félicitations et des récits. »

Hirondelles rusées.

Un moineau trouvant à sa bienséance un nid qu'une hirondelle venait de construire, s'en empara. L'hirondelle, voyant chez elle l'usurpateur, appela du secours pour le chasser : mille hirondelles arrivent à tire-d'aile, et attaquent le moineau ; mais celui-ci, couvert de tous côtés, et ne présentant que son gros bec par la petite entrée du nid, était invulnérable, et faisait repentir les plus hardies qui osaient s'en approcher. Après un quart d'heure de combat, toutes les hirondelles disparurent. Le moineau se croyait vainqueur, et les spectateurs jugèrent qu'elles abandonnaient l'entreprise. Un moment après, on les vit revenir à la charge, et chacune s'étant pourvue d'un peu de cette terre détrempée dont elles font leur nid, elles fondirent toutes ensemble sur le moineau, et le claquemurèrent dans le nid, afin qu'il y pérît, puisqu'elles n'avaient pu l'en chasser. Linnée garantit ce fait.

Aux environs de Paris, l'habitant des campagnes se réjouit de l'arrivée des hirondelles ; il leur donne asile comme à des oiseaux qui portent bonheur ; il se ferait un scrupule de détruire leurs nids.

Huîtres d'Apicius

Apicius, qui a écrit de l'art de la cuisine, envoya d'Italie en Perse, à l'empereur Trajan, des huîtres aussi fraîches que le premier jour qu'elles furent recueillies ; il avait une méthode de les conserver qu'il a tenue secrète.

Le père du Tertre, dans son *Histoire des Antilles*, assure qu'il a vu dans une petite île, près de la Guadeloupe, un grand nombre d'arbres si chargés d'huîtres, que leurs branches en rompaient; on en trouve entre autres sur un certain arbre nommé paletuvier, qui croît au bord de la mer. Ce fait est confirmé par Childerey, dans son *Histoire des Singularités naturelles d'Angleterre*, où cet auteur nous apprend que l'on voit la même chose près de Plymouth. Il paraît assez curieux et extraordinaire de cueillir des huîtres sur des arbres; voici la raison de cette particularité : les arbres où l'on trouve ces huîtres étant placés sur le rivage de la mer, les vagues qui s'en élèvent mouillent les branches qui s'abaissent le plus, et y portent le frai de l'huître, lequel s'y attache, s'y agglutine, et ensuite y éclot. Ces petits animaux se nourrissent facilement; car la pesanteur de leurs coquilles contraignant les branches de l'arbre à se courber, le flux et le reflux de la mer les rafraîchit deux fois le jour. Ces huîtres extraordinaires diffèrent des communes par leurs écailles plus petites et plus minces; elles ont un très bon goût.

Les historiens de l'expédition d'Alexandre ont écrit que dans l'Inde il se trouve des huîtres d'un pied de long.

La Hyène du Gévaudan.

On sait quels ravages fit en France la fameuse bête du Gévaudan : c'était une hyène de l'île de Méroé, que l'on amenait à la ménagerie du roi, et qui s'échappa en débarquant du vaisseau qui la transportait. Pour la détruire, il fallut faire un rassemblement considérable d'hommes armés, dont plusieurs furent victimes de leur courage. Enfin un nommé *Antoine*, qui était parti exprès de Versailles, eut la gloire de la tuer au moment où elle allait passer la rivière de l'Ardèche.

L'Abyssinie est peut-être le pays du monde qui nourrit la plus grande quantité d'animaux, tant domestiques que sauvages. Les hyènes surtout y sont en nombre considérable. Ces féroces animaux, dès qu'il est nuit, viennent dans les villes avec autant de sécurité que dans les forêts. La ville de Gondar, dit le voyageur Bruce, en est remplie depuis le soir jusqu'à la pointe du jour. Dès que le soleil paraît, un des officiers du roi sort devant le palais, et fait claquer un très grand fouet, afin de mettre en fuite celles de ces bêtes féroces qui ne seraient pas encore éloignées.

M. Pennant dit avoir vu une hyène qui était aussi privée qu'un chien. Buffon parle d'un de ces animaux que l'on faisait voir à la foire Saint-Germain, à Paris, et qu'on était parvenu à dépouiller entièrement de sa férocité naturelle.

Ibis.

L'ancienne Égypte qui révérait tous les animaux qui lui étaient utiles, n'a pas manqué de rendre de grands honneurs à l'ibis, parce qu'il détruisait les serpens qui l'incommodaient: on lui faisait de magnifiques funérailles, on l'embaumait après sa mort.

Josephe, dans son Histoire des Juifs, dit que Moïse prit avec lui quantité de ces oiseaux, et qu'ils lui furent très utiles lorsqu'il se trouva obligé de traverser les campagnes remplies de toutes sortes de serpens : celui qui tuait un ibis était digne de mort, selon les lois des Égyptiens.

On attribue à l'ibis la singulière invention du clystère : c'est son bec qui lui sert de seringue ; et Perrault, dans sa description anatomique de cet oiseau, prétend avoir remarqué le trou du bec par lequel l'eau peut être lancée.

Le Lamentin de Caramatexy.

Le prince Caramatexy prit aux filets un petit lamentin dans une île espagnole, et le nourrit pendant vingt-six ans dans le lac Guaynabo.

Ce poisson (qui est une espèce de vache marine), devint si apprivoisé, qu'il ne le cédait en rien au dauphin des Anciens ; car il venait manger dans la main ; et quand on l'appelait par son nom, *Mato*, qui, dans la langue du pays, signifie *Magnifi-*

que, il avait coutume de sortir du lac et de se traîner jusqu'au logis de celui qui voulait lui donner de la nourriture ; après quoi il s'en retournait au lac, étant accompagné des enfans et même des hommes, dont le chant semblait le réjouir : quelquefois il permettait aux enfans de monter sur son dos, et il en passait sans aucune difficulté dix à la fois d'un bord du lac à l'autre : en sorte qu'il procurait un grand plaisir aux habitans. Un Espagnol, voulant éprouver si cet animal avait la peau aussi dure qu'on le disait, s'avisa un jour de l'appeler à plusieurs reprises, en lui criant : *Mato ? Mato?* et comme le lamentin commençait à sortir de l'eau, il lui lança un javelot qui ne le blessa pourtant point ; mais l'animal devint tellement circonspect, qu'il n'approchait plus de la rive sans avoir bien examiné si celui qui l'appelait était Indien, ce qu'il connaissait à la barbe ; il ne s'y méprenait pas. Enfin, dans une forte crue de la rivière Haibonicot, qui va se décharger dans le lac Guaynabo, ce lamentin s'en retourna à la mer, étant fort regretté du prince Caramatexy et de ses sujets. Aldrovande atteste avoir vu à Boulogne un veau marin qu'on avait appris à répondre de la voix au nom de chaque prince chrétien, et qui refusait de répondre quand on lui nommait le Grand Turc.

Lapins des îles Baléares.

Le lapin, originaire d'Afrique, n'était connu, du temps de Pline, qu'en Grèce et en Espagne; il passa bientôt en Italie. Il était sacré dans l'île de Délos', et les Grecs ornaient de marbre l'ouverture des terriers de lapins.

Strabon rapporte que, sous l'empire d'Auguste, les habitans des îles Baléares demandèrent à ce prince des troupes pour les délivrer des lapins. Les habitans de ces îles, qui étaient d'anciennes colonies Celtibériennes, avaient conservé le même respect religieux pour le lièvre et le lapin, que César remarqua chez les habitans des îles Britanniques. Les uns et les autres s'abstenaient donc de tuer et de manger aucune espèce de lièvres (et le lapin était censé du nombre) : ils s'en abstenaient, dis-je, par la raison que le nom de lièvre (*li-ebre*) leur rappelait la mémoire de leurs fondateurs. On conçoit, d'après ce que dit Votten, que d'une seule paire de lapins qui fut mise dans une île, il s'en trouva six mille au bout d'un an ; on conçoit, dis-je, que ces peuples durent être, à la longue, fort incommodés de ces animaux : c'est pourquoi leurs magistrats prirent le parti de faire demander à Auguste des troupes romaines qui n'eussent point de scrupule à faire main-basse sur ce gibier : ainsi les vainqueurs du monde furent en guerre ouverte avec les lapins.

Les Lapins de Buffon.

« La paternité chez ces animaux est très respectée ; j'en juge ainsi, dit Buffon, par la grande déférence que tous mes lapins ont eu pour leur premier père, qu'il m'était aisé de reconnaître à cause de sa blancheur : la famille avait beau s'augmenter, ceux qui devenaient pères à leur tour lui étaient subordonnés ; s'il survenait une querelle, soit pour des femelles, soit qu'ils se disputassent la nourriture, le grand-père, qui entendait du bruit, accourait de toute sa force, et dès qu'on l'apercevait, tout rentrait dans l'ordre; s'il en attrapait quelques-uns aux prises, il les séparait et en faisait sur-le-champ un exemple de punition. Une autre preuve de sa domination sur toute sa postérité, c'est que les ayant accoutumés à rentrer tous à un coup de sifflet, lorsque je donnais ce signal, et quelque éloignés qu'ils fussent, je voyais le grand-père se mettre à leur tête, et, quoique arrivé le premier, les laisser tous défiler devant lui, et ne rentrer que le dernier. »

Le Léopard, roi.

Le léopard est un animal commun au Sénégal et en Guinée. Les nègres le regardent comme le roi des forêts. Lorsqu'ils en ont pris un, il est d'usage de le présenter au roi des nègres; mais comme, dans leur coutume, il serait honteux qu'un autre roi fût introduit dans le village royal sans résistance, les habitans vont au-devant de ceux qui conduisent le léopard. On en vient aux mains : le combat cesse à l'arrivée d'un député du roi nègre. Le roi léopard et les athlètes arrivent en triomph jusqu'au marché. Là, en présence de tout le peuple assemblé, on dépouille de sa fourrure le roi des animaux, et on lui arrache les dents. C'est le lot du roi des nègres. Le reste est abandonné au peuple, qui fait cuire sa chair, se régale bien, et fait grande fête. Comme, suivant eux, nul ne mange son semblable, leur roi n'en mange point ; et, de crainte de s'asseoir ou de marcher sur la fourrure, il la fait vendre aussitôt, et donne les dents à ses femmes, qui les portent sur leurs habits ou en colliers, mêlées avec du corail.

On a vu en Angleterre un léopard qui se montrait fort sensible aux caresses et aux attentions. Une personne qui était très familière avec lui, alla le voir au bout d'un an, et malgré cet intervalle de tems, l'animal la reconnut et lui renouvela ses caresses.

Lézard amateur de musique.

M. Lamartellière, auteur de plusieurs pièces de théâtre et de quelques romans, raconte qu'il a habité pendant plusieurs mois, avec quelques amis, le château de Sturmberg, et qu'ils occupaient une tour délabrée bâtie sur la pointe d'un rocher, où Conrad de Thuringe fut poignardé au milieu de son conseil.

« A dix pieds au-dessous de nos croisées, dit-il, le rocher faisait une saillie, et cette saillie offrait un petit espace uni d'environ quinze pouces carrés. Dès que le soleil dardait ses rayons sur cette plateforme, un énorme lézard quittait la fente voisine qui lui servait de retraite, et venait s'y reposer. Aussitôt que l'ombre projetée du château gagnait cette place, notre solitaire s'en éloignait pour rentrer dans son asile, dont on ne le voyait sortir que le lendemain. Cette vie, régulière et constamment uniforme, nous avait frappés depuis plusieurs jours, lorsque nous reçûmes nos instrumens de musique. Les premiers sons le firent rentrer dans sa retraite; mais il ressortit aussitôt, en s'avançant lentement vers la place qu'il avait habitude d'occuper. Le lendemain donna lieu à la même observation : cependant sa marche était plus assurée; il soulevait la tête, et une espèce de tressaillement faisait varier avec rapidité les différentes nuances dont son dos était coloré : le troisième jour, la crainte avait disparu, et sa sortie, ainsi que sa rentrée, suivirent immédiatement l'apparition ou le déclin du soleil.

« Un soir, c'était le neuvième ou dixième jour que nous étions en possession de nos instrumens, notre lézard était rentré depuis une demi-heure; nous exécutions de mémoire un *Cantabile* plein d'harmonie : une mélancolie douce donnait à notre jeu ce charme indéfinissable qu'on a coutume de nommer expression, et qui n'est véritablement qu'une émanation de l'âme, modifiée d'après les affections dont elle est pénétrée. Nous n'avions pas achevé la première partie, que nous apercevons notre lézard sortir la tête de sa fente; la seconde partie semble fixer son irrésolution ; il quitte sa fente, et, malgré l'absence du soleil, il vient, pour nous écouter, prendre sa place accoutumée Le *Cantabile* fini, il retourne dans son asile ; nous jouons plusieurs airs dans le même ton que le précédent ; mais rien ne l'en peut tirer. Le jour suivant, nous recommençons notre expérience, et son effet est le même ; la seconde partie de notre *Cantabile* fait chaque fois paraître notre lézard. Ce n'est plus le soleil qui fixe le moment de sa sortie ; c'est le charme de notre harmonie : il s'y abandonne avec une sorte d'ivresse : il renonce, pour le goûter, à la régularité de sa vie, ce *Cantabile* devient un véritable appel auquel notre solitaire ne manque pas de se rendre avant ou après l'aurore, dans le milieu ou vers le déclin du jour : toutes les heures lui sont égales, dès que la seconde partie de ce morceau commence, il est là pour l'écouter ; tout le reste du concert ne l'intéresse pas : si vous répétez son air favori, il revient ; si vous en jouez un autre, il reste chez lui. Quelquefois, pour éprouver son jugement, nous commençons par la seconde partie ;

mais il paraît aussitôt, comme pour nous prouver qu'il s'y connaît, et qu'il n'est pas dupe de cette mauvaise plaisanterie.

« Nous réitérames cette expérience pendant près de deux mois, et souvent à trois et quatre reprises par jour, sans qu'elle se démentît une seule fois. Je me trompe : deux jours de suite notre solitaire ne se rendit à aucun de nos appels ; mais il avait plu, la terre était humide, peut-être était-il indisposé ; car le troisième jour il reprit ses exercices accoutumés. »

Lézard intelligent.

Les Anciens ont prétendu que le lézard veillait à la sûreté de l'homme, et qu'il le défendait contre les serpens. Gesner, ainsi qu'Erasme, attribuent, surtout ces belles qualités au lézard vert. M. Pennant fait mention d'un lézard qui fut tué dans le comté de Worcester en 1714, et qui avait deux pieds six pouces de long, et quatre de circonférence. Pline rapporte que sur la montagne Nysa, dans l'Inde, il s'en trouve de vingt-quatre pieds de long.

M. Rabigot en avait rapporté un très joli de la campagne ; on le nourrissait dans une cage avec de l'herbe ; et il s'était tellement habitué aux personnes de la maison, qu'il venait quand on l'appelait, et mangeait ce qu'on lui présentait. Un jour la bonne, en nettoyant la cage, jeta par la fenêtre le lézard, qui se trouvait caché dans l'herbe. On ne se fut pas plus tôt aperçu de cet accident, que l'on courut à la recherche de l'animal : on visita tous les coins de la cour, toutes les crevasses des murs ; on descendit dans les caves ; tous les voisins s'intéressèrent à la recherche du lézard ; mais toutes les peines qu'on se donna furent inutiles ; on ne le retrouva point. M. Rabigot s'était attaché à cette petite bête, et il éprouvait du regret de sa perte. On croyait le lézard très satisfait d'avoir recouvré sa liberté, tandis que, de son côté, il éprouvait aussi les mêmes regrets d'avoir perdu ses maîtres, puisqu'il les rechercha, et qu'il eut l'adresse de les retrouver. Après quelques jours d'absence, on fut bien surpris de voir un matin le petit animal à la porte de M. Rabigot. Il est bon d'observer qu'il occupait un appartement au deuxième étage; que, sur le même palier, il y avait plusieurs portes. Non-seulement le lézard ne s'était point arrêté au premier étage; mais arrivé au deuxième, il ne s'était même pas trompé de porte. On se doute combien il fut carressé, et quels soins on eut de lui d'après cette preuve d'intelligencé et d'attachement à ses maîtres.

Lièvre cause de la prise de Rome.

Arnould, fils naturel de Carloman, disputait, en 888, l'empire à Gui, duc de Spolette, qui s'était déjà rendu maître de Rome. Arnould, après plusieurs batailles, arriva devant cette capitale, et se préparait à en faire le siége, lorsqu'un lièvre effrayé traversa le camp en courant vers la ville. Quelques troupes le poursuivirent en poussant des cris : les assiégés crurent que c'était le signal pour monter à l'assaut. Comme leurs préparatifs pour la défense n'étaient point encore faits, la frayeur les saisit; ils abandonnèrent leurs remparts. Arnould s'en aperçoit, profite du moment, monte à l'assaut, prend Rome, et s'y fait couronner empereur.

Un autre événement de ce genre termina la guerre entre les Scythes et les Perses.

Pendant que Darius était campé contre les Scythes, il arriva qu'un lièvre se mit à courir devant la phalange des Scythes. Aussitôt ils s'attachèrent à poursuivre le lièvre. Darius dit : « Il est juste que nous fuyions les Scythes, puisqu'ils méprisent assez les Perses, pour s'amuser en leur présence à courir après un lièvre. » En effet, il fit sonner la retraite, et pensa au retour.

Lampridius rapporte que l'empereur Alexandre-Sévère aimait tellement le lièvre, qu'il en mangeait un à tous les repas.

Hérodote fait mention d'une cavale de l'armée de Xerxès qui fit un lièvre au lieu d'un poulain.

Lièvre danseur.

Un auteur anglais rapporte qu'on a vu

en Angleterre, avec admiration, un lièvre qui dansait en mesure, et battait en cadence le tambour avec ses pieds de devant, ne craignait pas les chiens, les mordait et les égratignait avec ses ongles. Scaliger atteste que son aïeul maternel avait un lièvre si privé, qu'il allait à la chasse avec les chiens courans, et qu'il revenait assez souvent au logis la gueule ensanglantée. Le docteur François Paullini nous apprend que le gouverneur d'Aldorff avait un lièvre si doux, si familier, qu'il suivait comme un chien les gens de la maison, jouait avec les chiens et les chats, regardait par les fenêtres ce qui se passait au-dehors, s'asseyait même à table avec les convives, mangeait tout ce qu'on lui servait, et allait pisser proprement dans un pot de chambre d'étain. Un jour, on avait oublié de mettre le pot à la place accoutumée; le lièvre, pressé par le besoin, et ne voulant point faire de malpropretés à terre, sauta sur la table, et pissa dans un plat d'argent. Quand il avait faim, il demandait à manger en frappant des pieds. Il portait un collier garni de grelots, au bruit desquels il faisait fuir les plus grands chiens.

On voit en ce moment à Paris, sur le boulevard du Temple, un lièvre dressé à différens exercices, comme de se tenir droit, de donner la patte, de battre la caisse; mais ce qui m'a le plus étonné de la part d'un animal aussi craintif, c'est de lui voir tirer un coup de pistolet, sans que la détonation de l'arme lui fasse donner le moindre signe de frayeur; au bruit de l'explosion il n'en reste pas moins droit, et la patte appuyée sur la détente.

Le prince palatin Jean Casimir avait un lièvre qui portait trois oreilles sur une seule tête, ayant double corps avec huit pattes. Ce lièvre avait été pris dans une chasse. Le duc de Vitry prit également à la chasse un lièvre qui avait des cornes à la tête, dont il fit présent à Jacques I, roi d'Angleterre. Salomon Reiselius fait mention d'un lièvre monstrueux qui avait deux corps, huit pattes et quatre oreilles, trouvé en 1621 près d'Ulm, dans le jardin d'Érasme Goutschens : ce qu'il y a de plus merveilleux, c'est que cet animal à double face, comme un *Janus*, étant fatigué d'une part, se retournait de l'autre, en sorte qu'il courait avec des forces toujours nouvelles.

Lions apprivoisés.

On croit que le premier homme qui ait osé manier un lion sauvage, et qui l'ait apprivoisé au point de s'en faire suivre, fut Hannon, l'un des plus illustres d'entre les Carthaginois ; sur ce seul grief, il fut exilé. Ses concitoyens craignirent qu'un homme d'un génie aussi adroit ne leur persuadât tout ce qu'il voudrait, et qu'il n'y eût trop à risquer pour la liberté publique, si on la confiait en des mains assez habiles pour maîtriser la férocité même. Marc-Antoine mit des lions au joug, et les attela le premier à un char dans Rome. Quintus Scœvola, fils de Publius, y donna le premier, pendant son édilité curule, un combat de plusieurs lions à la fois; et Lucius Sylla, depuis dictateur, et pour lors étant préteur, donna le premier un combat de cent lions, tous à crinière. Après lui, le grand Pompée fit combattre dans le cirque jusqu'à six cents lions, dont trois cent quinze avaient la crinière. César, étant dictateur, donna un combat de quatre cents lions.

On lit, dans l'*Histoire des Croisades*, qu'un chevalier français avait apprivoisé un lion qui le suivait partout, et combattait à ses côtés : à son retour en Europe, ce chevalier ne pouvant embarquer son lion avec lui dans le vaisseau qui le portait, le lion le suivit à la nage tant que ses forces le lui permirent, et se noya enfin d'épuisement.

Jean Léon dit qu'à Pietra-Rossa, ville du royaume de Fez, les lions viennent manger les os par les rues, comme nos chiens à Paris, sans que les femmes ni les enfans s'en effraient.

Le roi de Quiterve s'appelle le *Grand Lion*, et il n'est permis de tuer des lions que dans certaines chasses royales. Pendant le séjour de Knox à Ceylan, le prince se nommait le *Roi Lion*. Ferrera rapporte que don Juan, roi de Castille, reçut, en 1434, les ambassadeurs de France, assis sur un trône magnifique, et ayant à ses pieds un gros lion apprivoisé.

Dom Calmet cite Henri Étienne, qui vit dans la tour de Londres un lion si grand amateur de musique, qu'il avait coutume de quitter son diner pour entendre un joueur de violon qui venait ordinairement à l'heure du repas.

Lion aimant.

Le lion enfermé en 1799 au Jardin des Plantes, et amené de Constantinople avec sa femelle, deux ans auparavant, par Félix, donna à cet homme, qu'on avait fait gardien de la ménagerie, des marques d'affection et de reconnaissance qui méritent d'être rapportées. Depuis quelques jours Félix était malade et ne paraissait plus; un autre avait pris sa place, et en remplissait les fonctions auprès des animaux. Aucun d'eux ne paraissait s'apercevoir de ce changement, si ce n'est le lion, qui, triste, solitaire, restait continuellement accroupi au fond de sa loge, ne voulant point recevoir les soins de l'étranger. Sa présence lui était odieuse; et, du fond de sa loge, il le menaçait par de sourds rugissemens. La société même de sa femelle lui déplaisait, ou du moins il ne faisait plus attention à elle. L'inquiétude, la souffrance intérieure de cet animal, firent croire qu'il était véritablement atteint de maladie; mais personne n'osait l'approcher. Enfin le jour vient où Félix étant rétabli, sort pour lui rendre visite; il veut jouir de la surprise de son lion; et, se coulant bien doucement le long de la loge, il avance seulement la tête contre la grille : le voir et faire un bond jusqu'à lui, ne fut pour le lion qu'un seul et même mouvement; il se dresse contre Félix, le presse de ses pattes, lui lèche les mains, le visage, et rugit de plaisir. La femelle, joyeuse, accourt aussi; le lion la repousse, il se fâche, il craint qu'elle ne lui dérobe des faveurs dont il est jaloux. Une rixe allait s'élever, mais Félix entre dans la loge pour contenter l'un et l'autre. Il les caresse tour-à-tour, et reçoit alternativement leurs caresses. J'ai vu fréquemment Félix au milieu de ce couple redoutable, dont il avait su enchaîner la puissance; il conversait tantôt avec le mâle, tantôt avec la femelle; il les flattait, il les baisait sur la bouche. Voulait-il qu'ils se séparassent, et que chacun se retirât dans sa loge? Il n'avait qu'à dire un mot. Désirait-il qu'ils se couchassent à la renverse pour montrer aux assistans leurs pattes armées de griffes terribles et leurs gueules hérissées de dents menaçantes? Au moindre signe ils se mettaient sur le dos, tendaient complaisamment leurs pattes, l'une après l'autre, ouvraient la gueule, et pour récompense obtenaient la faveur de lui lécher la main.

Le Lion d'Enguerrand.

Beaucoup de personnes se rappelleront sans doute d'un ordre de religieux, qui existait en France, et que l'on nommait *Prémontré* : voici l'origine de cette fondation.

Sous le règne de Louis-le-Pieux, fils de

Louis-le-Gros, un lion, dans la forêt de Long, faisait un ravage considérable. Entre plusieurs seigneurs du canton, Enguerrand de Coucy voulut affranchir sa province de cette bête furieuse. Il se fit conduire dans l'endroit où ce terrible animal allait ordinairement; et l'ayant vu tout-à-coup à côté de lui, il dit au guide : « *Tu me l'as de près montré.* » En disant ces mots, il chargea courageusement ce lion; et après avoir combattu corps à corps, pour ainsi dire, il le vainquit et le tua. En mémoire de cette action, Enguerrand fonda et bâtit une abbaye au même lieu; on la nomma *Prémontré*, par allusion au mot qu'il avait dit. La figure du lion fut taillée en pierre, de sa grandeur naturelle, avec un collier où sont attachées les armes du héros : elle se voit encore dans le château de Coucy. Enguerrand institua, en outre, un ordre du Lion, pour perpétuer le souvenir de cet événement.

La Lionne de la ménagerie.

On voit au Jardin des Plantes une lionne qui vit avec un chien braque. C'est peut-être, parmi les animaux terribles, le plus doux de la ménagerie. Elle n'a jamais fait un geste qui pût annoncer ni impatience, ni méchanceté. Ses caresses même sont douces, et semblent être proportionnées à la force de ceux qui s'en amusent. Il est très probable qu'elle doit ses qualités au chien qui vit avec elle : elle joue souvent avec lui, et elle se sera bientôt aperçue que des mouvemens trop brusques le rebutaient. La douceur de cet animal est portée à un tel point, que son chien en abuse presque toujours; il la mord, surtout aux lèvres, jusqu'à la faire saigner; et si elle n'a plus de poil aux moustaches, c'est qu'il les lui a tous arrachés. Cependant, au moment des repas, cette lionne reprend tous les droits que lui donne sa force ; alors elle ne souffrirait pas même que le chien s'approchât d'elle; il paraît connaître tout le danger qu'il courrait ; il se tapit dans un coin de sa loge, jusqu'à ce que la lionne, ayant terminé son repas, lui laisse prendre le pain qui lui est destiné.

Le Lion du Grand-Duc de Florence.

M. Georges Davis, consul d'Angleterre à Naples, s'étant retiré à Florence pour se garantir de la peste, qui faisait tous les jours des ravages affreux dans cette ville, alla voir la ménagerie du Grand-Duc. Il y avait dans une loge, un lion qui, aussitôt qu'il aperçut M. Davis, courut à lui avec toutes les marques de joie et de transport qu'il était capable d'exprimer. Il se leva sur ses pattes, et lui lécha les mains à travers les barreaux de sa loge. Le garde, effrayé de la témérité du consul, le tira par le bras, et le pria de ne point hasarder ainsi sa vie; mais loin de se rendre à ses remontrances, il ouvrit la loge et entra dedans. Il n'y fut pas plus tôt, que le lion se dressa, lui appliqua les deux pattes sur les épaules, et lui lécha le visage, courant çà et là, et bondissant de joie, comme l'aurait pu faire un chien qui revoit son maître après plusieurs jours d'absence. Ils se séparèrent enfin, après s'être embrassés avec beaucoup de cordialité. Le bruit de cette aventure se répandit aussitôt par toute la ville, et peu s'en fallut qu'on ne regardât le consul comme un saint. Le Grand-Duc ayant appris ce qui s'était passé, envoya chercher M. Davis; et voici ce que celui-ci lui raconta : « Un capitaine de vaisseau, qui revenait de Barbarie, me fit présent de ce lion qui était jeune. Je l'apprivoisai au point que je le faisais venir dans ma salle à manger, lorsque j'invitais quelques amis. Lorsqu'il eût cinq ans, il blessa un de mes domestiques qui badinait avec lui; sur quoi je donnai ordre de le tuer : mais un ami s'y opposa, et me pria de le lui donner. Je n'ai pu savoir depuis ce qu'il était devenu. »

On ne saurait exprimer quelle fut la surprise de M. Davis, lorsque le prince lui dit qu'il le tenait de l'ami même à qui il en avait fait présent.

Vers la fin du dix-septième siècle, un lion du Grand-Duc de Florence s'était échappé de la ménagerie, et courait dans les rues de la ville. L'épouvante se répand de tous côtés, tout fuit devant lui. Une femme qui emportait son enfant dans ses bras, le laisse tomber en courant. Le lion le prend dans sa gueule. La mère, éperdue, se jette à genoux devant l'animal terrible, et lui demande son enfant avec des cris déchirans. Le lion s'arrête, la regarde fixement, remet l'enfant à terre sans lui faire aucun mal, et s'éloigne.

La Lionne de Maldonota.

Le P. de Charlevoix, dans son *Histoire du Paraguay*, rapporte un fait extraordinaire d'une lionne. En 1536, les Espagnols se trouvaient assiégés dans Buénos-Aires par les peuples du canton. Le gouverneur avait défendu à tous ceux qui demeuraient dans la ville d'en sortir ; mais craignant que la famine, qui commençait à se faire sentir, ne fît violer ses ordres, il mit des gardes de toutes parts, avec ordre de tirer sur tous ceux qui chercheraient à passer l'enceinte désignée. Cette précaution retint les plus affamés, à l'exception d'une seule femme nommée Maldonota, qui trompa la vigilance de ces gardes. Cette femme, après avoir erré dans des champs déserts, découvrit une caverne, qui lui parut une retraite sûre contre tous les dangers; mais elle y trouva une lionne, dont la vue la saisit de frayeur. Cependant les caresses de cet animal la rassurèrent un peu : elle reconnut même que ces caresses étaient intéressées. La lionne était pleine, et ne pouvait mettre bas; elle semblait demander un service que Maldonota ne craignit point de lui rendre. Lorsqu'elle fut heureusement délivrée, sa reconnaissance ne se borna point à des témoignages stériles, elle sortit pour chercher sa nourriture; et depuis ce jour elle ne manqua point d'apporter, aux pieds de sa libératrice, une provision qu'elle partageait avec elle. Ces soins durèrent aussi long-tems que ses petits la retinrent dans la caverne. Lorsqu'elle les en eut retirés, Maldonota cessa de la voir, et fut réduite à chercher sa subsistance elle-même. Mais elle ne put sortir souvent sans rencontrer les Indiens, qui la firent esclave. Le ciel permit qu'elle fut reprise par des Espagnols, qui la ramenèrent à Buénos-Aires. Le gouverneur en était sorti. Un autre Espagnol, qui commandait en son absence, homme dur jusqu'à la cruauté, savait que cette femme avait violé une loi capitale, il ne la crut pas assez punie par ses infortunes. Il donna ordre qu'elle fût liée au tronc d'un arbre, en pleine campagne, pour y mourir de faim, qui était le mal dont elle avait voulu se garantir par la fuite, ou pour y être dévorée par quelque bête féroce. Deux jours après il voulut savoir ce qu'elle était devenue. Quelques soldats, qu'il chargea de cet ordre, furent surpris de la trouver pleine de vie, quoique environnée de tigres et de lions, qui n'osaient s'approcher d'elle, parce qu'une lionne, qui était à ses pieds avec plusieurs lionceaux, semblait la défendre. A la vue des soldats, la lionne se retira un peu, comme pour leur laisser la liberté de délier sa bienfaitrice. Maldonota leur raconta l'aventure de cet animal qu'elle avait reconnu au premier moment; et lorsqu'après lui avoir ôté ses liens, ils se disposaient à la reconduire à Buénos-Aires, la lionne la caressa beaucoup, en paraissant regretter de la voir partir. Le rapport qu'ils en firent au commandant, lui fit comprendre qu'il ne pouvait, sans paraître plus féroce que les lions mêmes, se dispenser de faire grâce à une femme dont le ciel avait pris si sensiblement la défense.

Le Lion de Colombet.

Pline assure que le lion, tout féroce qu'il paraît, est plus capable de clémence qu'aucun autre animal. Les peuples de Lybie se persuadent que le lion entend les prières qu'on lui adresse; et l'on raconte, à ce sujet, qu'une esclave, qui revenait de Gétulie, en avait adouci plusieurs prêts à fondre sur elle. Joseph Colombet, religieux dominicain, rapporte qu'étant en esclavage à Miquenez, il résolut de s'évader avec un compagnon d'infortune. Il en vint à bout, et après avoir voyagé plusieurs jours à travers les bois les plus épais, pour se garantir de la brûlante ardeur du soleil, il rencontra, près d'un étang, un lion qui buvait. Saisis de frayeur, ils prirent le parti de se mettre à genoux devant l'animal; celui-ci les considéra quelque tems; et paraissant touché de leur humiliation, il ne leur fit aucun mal.

Combats de lions dans Paris.

Il y avait autrefois des combats de lions dans Paris. La rue des Lions, près Saint-Paul, a pris son nom du bâtiment et des cours où étaient renfermés les grands et les petits lions du roi. Un jour que François Ier s'amusait à regarder un combat de ses lions, une dame ayant laissé tomber son gant, dit à de Lorges : « Si vous voulez que je croie que vous m'aimez autant que vous me le jurez tous les jours, allez ramasser mon gant. » De Lorges descend; ramasse le gant au milieu de ces terribles animaux, remonte, le jette au nez de la dame; et depuis, malgré toutes ses avances et ses agaceries, il ne voulut jamais lui parler.

Pépin-le-Bref, premier roi de la seconde race, pour prouver à ses courtisans que, malgré la petitesse de sa taille, il était digne de les commander, s'élance dans l'arène où un lion furieux était aux prises avec un taureau; il attaque le lion, et d'un coup de sabre il lui abat la tête.

Les Lions d'Héliogabale.

Lampride rapporte que l'empereur Héliogabale se faisait un amusement d'enivrer ses convives, qu'il enfermait ensuite dans un appartement, où on lâchait tout-à-coup pendant la nuit des lions, des léopards et des ours désarmés, c'est-à-dire, à qui l'on avait coupé les griffes et arraché les dents; en sorte que ces gens se réveillant en sursaut, et apercevant, à la lumière des flambeaux, des animaux si terribles, mouraient souvent de peur.

Loup familier.

Le loup, si haï parmi nous, fut tellement respecté des Athéniens, que celui qui en tuait un, était condamné à faire les frais de sa sépulture.

On lit dans les *Éphémérides d'Allemagne*, que, dès sa naissance, un loup fut nourri de lait de brebis par un berger qui en prit soin. Cet animal se rendit si privé, que non seulement il devint le fidèle gardien du troupeau, mais même qu'il portait le dîner à son maître. Il gardait soigneusement les enfans encore au berceau, et quelquefois la maison entière avec tout le troupeau. En hiver il allait avec son maître au cabaret, sans faire de mal à personne; tant il est vrai que l'éducation l'emporte sur la nature même.

Le Loup reconnaissant.

Un comte de Sickingen conservait dans ses terres deux loups apprivoisés ; l'un d'eux s'échappa un jour, sans qu'on sût où il était passé. Assez long-tems après, le bailli du comte, traversant une forêt, rencontra inopinément un loup, et voulut prévenir son attaque en lui lâchant un coup de pistolet : il le manqua. L'animal irrité allait se jeter sur l'agresseur ; mais reconnaissant dans cet homme un individu qui avait habité plusieurs années le même lieu que lui, et qu'il voyait alors tous les jours, il s'arrêta tout-à-coup, et témoigna par ses caresses la joie qu'il éprouvait de revoir son ancien ami. Le bailli, enchanté de retrouver le loup de M. le comte, répondit à ses marques d'attachement, et partagea avec lui quelques provisions de bouche dont il s'était muni ; il fit ensuite tous ses efforts pour attirer cet animal au château de son ancien maître ; mais ce fut en vain : le loup ne l'accompagna que jusqu'à une certaine distance ; et après lui avoir renouvelé ses caresses, il retourna dans l'épaisseur de la forêt continuer le genre de vie auquel l'avait destiné la nature.

En Orient, et surtout en Perse, on fait servir les loups à des spectacles pour le peuple : on les exerce de jeunesse à la danse, ou plutôt à une espèce de lutte contre un grand nombre d'hommes. On achète jusqu'à cinq cents écus, dit Chardin, un loup bien dressé à la danse.

Loups rusés.

Le P. Bougeant, dans son *Amusement philosophique sur le langage des Bêtes*, prétend qu'elles se parlent, qu'elles s'entendent, et qu'elles se communiquent les résultats de leur instinct : il cite ce trait à l'appui de son opinion. Un homme, en passant dans une campagne, aperçut un loup qui semblait guetter un troupeau de moutons; il en avertit le berger, et lui conseilla de le faire poursuivre par ses chiens. Je m'en garderai bien, répondit le berger : ce loup que vous voyez n'est là que pour détourner mon attention, et un autre loup, qui est caché de quelque autre côté, n'attend que le moment où je lâchera mes chiens sur celui-ci, pour m'enlever une brebis. Le passant ayant voulu vérifier le fait, s'engagea à payer la brebis, et la chose arriva comme le berger l'avait prévue. Une ruse si bien concertée, ne suppose-t-elle pas évidemment, dit le P. Bougeant, que les deux loups sont convenus ensemble, l'un de se montrer, l'autre de se cacher? Et comment peut-on convenir ainsi ensemble sans se parler?

Les Loups du Pays de Galles.

Le pays de Galles était désolé par un

nombre prodigieux de loups qui descendaient des montagnes, enlevaient les troupeaux, et dévoraient les habitans. Edgar, voulant délivrer ses sujets de ce terrible fléau, exigea des Gallois trois cents têtes de loups, tous les ans, au lieu du tribut d'argent et de bétail qu'ils avaient coutume de lui payer. Il fit aussi publier une amnistie générale pour toute sorte de crimes commis jusqu'alors, à condition que le criminel lui apporterait, dans un tems précis, un certain nombre de langues de loups, réglé suivant la qualité du crime. En moins de trois ans, ils furent tous exterminés.

On lit dans les *Anecdotes françaises*, que Frothaire, évêque de Toul, voyant son diocèse désolé par des loups qui dévoraient même les hommes, se mit à la tête d'une troupe de chasseurs, et en tua deux cents pour sa part.

Marmottes des Romains.

Dans l'ancienne Rome on tenait des ménageries de marmottes appelées *gliraria*;

elles faisaient les délices des meilleures tables, et ce goût, qui dura long-tems, eût subsisté davantage, si les Édiles, par quelque intérêt particulier, n'eussent aboli ces ménageries. Marcus-Scaurus, beau-fils de Sylla par sa mère Métella, fut le premier qui apprit à ses concitoyens ce que valaient les marmottes. Cette édilité de Scaurus, pendant laquelle elles régnèrent sur les tables les plus délicates, fit plus de tort à la république, au jugement de Pline et d'un historien moderne (Rollin), que ne lui en avaient fait les sanglantes proscriptions de Sylla, son beau-père : ainsi les casuistes, qui sont bien persuadés que c'est le luxe et la volupté qui ont perdu les Romains en les amollissant, pourront compter les marmottes parmi les causes de la décadence de ce grand empire.

Les Marmottes de l'Ukraine.

Le cardinal de Polignac, au livre sixième de son *Anti-Lucrèce*, dit : « Dans ces contrées, où le rapide Danastre (ou Niester) prend sa source pour arroser les vastes plaines des Daces, j'ai vu rangées en bataille des troupes nombreuses d'animaux sauvages, ennemis irréconciliables, quoique d'une même espèce, et distingués seulement par la couleur. Les uns sont fauves, les autres noirs. En Pologne on les appelle *Bobaks* : (c'est une espèce de marmottes). Ils vivent des productions de la terre; moissonnent de vertes campagnes, amassent dans leurs retraites souterraines des provisions de fourrages; et c'est la possession de ces cavernes, ou de ces prairies, qui fait l'unique sujet de leurs querelles. Lorsque la passion de vaincre s'empare de ces animaux, la terre, du sombre creux de ses cavernes, vomit des légions de combattans furieux. Ils se répandent dans la plaine, on les voit former, sous un chef, différens bataillons. Les deux armées se rangent sur une ligne opposée. Un cri guerrier donne le signal : tout se choque, tout se mêle en un instant : les coups se confondent; la couleur montre à chacun l'ennemi sur lequel doivent tomber les siens, et la terre rougit inondée de sang. L'espérance et la crainte passent tour-à-tour d'un parti dans l'autre. Combien de ruses, combien de traits d'une bravoure héroïque dans ces célèbres combats! Enfin la victoire se déclare, les vaincus prennent la fuite, et vont chercher loin de là des pâturages plus sûrs. L'armée victorieuse, sans les poursuivre, s'empare aussitôt des cavernes abandonnées, et se borne à ravager les prairies qu'elle vient de conquérir. Mais la prévoyante cruauté des vainqueurs fait subir à leurs prisonniers des peines d'une espèce singulière. Ils ne se contentent pas de les renfermer dans des fosses profondes, et de les condamner aux rigueurs d'une prison qui ne finit qu'avec leur vie; lorsque les premiers frimas annoncent le retour de l'hiver, ils mènent dans la prairie ces esclaves, uniquement conservés pour le transport des provisions, les obligent de se renverser et de tenir leurs pattes élevées, de peur que le foin ne s'échappe, les chargent ensuite, tirent par la queue ces chariots animés, et labourent toute la route avec le dos ensanglanté de ces malheureux. »

Mézerai parle d'un combat non moins

extraordinaire : il dit qu'on vit, en 1059, une grande multitude de lézards, de couleuvres et autres bêtes, se séparer en deux bandes dans une plaine près de la ville de Tournay, et se battre opiniâtrément jusqu'à ce que l'une des deux étant vaincue, abandonna le champ de bataille, et se réfugia dans le creux d'un gros arbre où les vainqueurs la poursuivirent pour achever sa défaite : les paysans des environs y accoururent, et les exterminèrent.

La Marte de Gessner.

La marte vit dans les bois, et établit son séjour dans le creux d'un arbre, à une telle hauteur et avec de telles précautions, qu'elle y peut vivre en pleine sécurité. Elle a une odeur de musc qui plaît à beaucoup de personnes. Gessner nous apprend qu'il en a gardé une qui était fort enjouée et fort amusante. Elle avait pris de l'attachement pour un chien avec lequel elle avait été élevée, et jouait avec lui à la manière du chat, en se couchant sur le dos et en affectant de vouloir le mordre. Elle visitait aussi les maisons du voisinage, et revenait régulièrement au logis quand elle avait besoin de manger.

Les Merles de Manchester.

Une grande bande de merles habitait depuis long-tems une caverne sur les bords de l'Irrell, dans Manchester. « Profitant d'une soirée assez claire, dit un observateur anglais (M. Percival), je me plaçai vis-à-vis de ces oiseaux pour examiner leurs travaux, leurs exercices et leurs jeux. Plusieurs décrivaient, en se pourchassant, un labyrinthe immense, et faisaient entendre des cris différens. Dans ce moment un d'eux, se tournant avec trop de vitesse, frappe de son bec l'aile d'un autre, qui en est blessé au point de tomber dans la rivière. Enfin, j'en vois un qui, s'avançant sur une pointe de rocher à fleur d'eau, parvient à sauver du péril son malheureux compagnon, et des chants d'allégresse succèdent aussitôt aux cris de la douleur; mais ils ne durèrent pas long-tems. Le blessé s'efforce en vain de gagner son nid; il tombe de nouveau dans l'eau, et se noie au bruit des cris plaintifs de toute la troupe. »

Milan vainqueur d'un Aigle.

Le cardinal de Polignac, en parlant de l'intelligence et du courage des animaux, cite un milan qui n'avait encore fait la guerre qu'à des colombes, mais qui, provoqué par un aigle, trouva le moyen de le vaincre malgré sa prestance et sa force.

Le milan ose le poursuivre et le harceler en lui portant des coups redoublés; l'aigle, peu touché d'un pareil attentat, s'en aperçoit à peine, et continue son vol: mais à son retour, le milan revient à la charge, lui arrache une plume; et, fier de cette dépouille, la porte dans son bec, comme un trophée. L'aigle, enfin irrité, le saisit, et, par un reste de clémence, lui faisant grâce de la vie, il le laisse sans plume sur un rocher. Le milan, nu, transi de froid, honteux de sa défaite, cherche à s'en venger; et, nourrissant chaque jour sa fureur, il s'exerce, lorsqu'il a repris ses forces, à passer et repasser par une ouverture que le tems et les eaux avaient faite sur un pont de bois.

Après s'être assuré du succès par des épreuves réitérées, il s'élance dans les airs, cherche l'aigle, le défie; et le roi des oiseaux, ainsi provoqué, poursuit l'agresseur, qui, traversant l'ouverture à laquelle il était accoutumé, l'engage dans le piége qu'il lui a tendu. L'aigle s'embarrasse par la difficulté de resserrer ses ailes; le milan, profitant de la circonstance, revient sur le pont, prend sa revanche, plume l'aigle à coups de bec, sans qu'il puisse se défendre; et, content d'avoir usé de représailles, se retire en vainqueur.

Les Moineaux francs.

Parmi les oiseaux qui offrent quelque singularité, on remarque en Amérique l'*oiseau Moqueur*, qui contrefait les cris de tous les autres oiseaux. Au Mexique, il en est un autre que les habitans nomment *Vicicili*; il meurt ou plutôt il s'endort, au mois d'octobre, sur quelque branche à laquelle il demeure attaché par les pieds jusqu'au mois d'avril, principale saison des fleurs. Il se réveille alors, et de là vient son nom qui signifie *ressuscité*.

Marcus Lænnius Strabon, chevalier romain, établi à Brindes, fut le premier qui dressa des volières, dans lesquelles il renferma des oiseaux de toute espèce. C'est depuis cette invention que les oiseaux, au séjour desquels la nature n'avait donné d'autres limites que le ciel, ont commencé à être resserrés dans des prisons.

Voici une histoire assez singulière de quatre moineaux francs, qui s'apprivoisèrent bien, mais ne voulurent jamais être renfermés dans des cages.

M. Reynaud, avocat au parlement, allait tous les ans passer trois mois à sa maison de campagne, à Romainville. Un jour son épouse rencontra, dans le village, des enfans qui tenaient quatre petits moineaux francs qu'ils avaient dénichés, et qu'ils tourmentaient beaucoup. A l'exemple de Pythagore, qui payait aux oiseleurs le prix des oiseaux qu'ils avaient en cage, afin qu'ils leur rendissent la liberté ; à son exemple, dis-je, cette dame, extrêmement sensible et bonne, donna de l'argent aux petits paysans pour délivrer ces moineaux de leurs mains. Elle les emporta dans sa maison, et leur donna à manger, ce qu'ils acceptèrent de bon cœur; mais lorsqu'elle les eut mis dans une cage, ces petits oiseaux s'agitèrent tant pour sortir, qu'elle leur donna sur-le-champ la liberté. Ils s'envolèrent dans le jardin, en face de la fenêtre, se perchèrent sur les arbres, et dès-lors madame Reynaud ne compta plus sur eux.

Quel fut son étonnement de les voir revenir au bout de quelques heures sur la cage d'où ils étaient partis ! On leur donna de nouveau à manger ; après quoi ils retournèrent à la promenade jusqu'au soir, qu'ils vinrent retrouver leur cage et y couchèrent. Néanmoins l'un des quatre ne revint pas coucher; on le crut perdu. Le lendemain, les trois oiseaux recommencèrent leur course jusqu'à l'heure du dîner, et ils ramenèrent avec eux le quatrième, qui mangea de bon appétit, et continua de venir ainsi dîner avec ses camarades ; mais ne revint jamais coucher le soir.

Le tems approchait où madame Reynaud devait retourner à Paris, et ce retour lui causait une sorte d'inquiétude relativement à ses quatre petits hôtes. Il y aurait beaucoup de dangers pour eux à les laisser en liberté ; d'ailleurs les toits et les cheminées de Paris leur conviendraient-ils comme les arbres de la campagne ? Il n'y avait pas lieu de présumer qu'ils voulussent rester tranquillement en cage ; enfin on s'arrêta à l'idée de leur consacrer une chambre entière pour leur demeure. Mais ces oiseaux renfermés dans cette chambre à Paris, se jetaient continuellement et avec force dans les vitres, et ne voulaient point du tout manger. Leur situation fit trop de peine à leur maîtresse ; au risque de les perdre, elle ouvrit les croisées et leur donna de nouveau liberté entière.

Les voilà donc partis sur les toits des environs, et pour cette fois on ne comptait plus les revoir. Mais ces oiseaux furent aussi exacts à Paris qu'ils l'avaient été à la campagne. Il y avait dans leur chambre un lustre qu'on avait décoré de plumes de toutes sortes de couleurs ; ils vinrent, dès le premier soir, s'y percher comme sur un arbre, et continuèrent ainsi par la suite. Celui qui n'avait pas voulu coucher dans la cage à Romainville, ne voulut pas davantage coucher dans la chambre à Paris : il venait seulement prendre ses repas avec ses camarades ; mais au retour du soir, il ne les accompagnait jamais. C'était vraiment une chose curieuse que l'arrivée de ces petits oiseaux ; ils faisaient un tel tapage par leurs cris joyeux, qu'on était toujours instruit de leur arrivée, lors même qu'on ne les voyait pas. Les voisins les connaissaient aussi bien que leur maîtresse ; et dès qu'on les entendait le soir : « Ah ! voilà les oiseaux de madame Reynaud qui viennent se coucher, » disait-on ; et l'on courait aux fenêtres pour leur voir faire leur entrée. Ils voltigeaient pendant quelque tems sur le balcon, en gazouillant à plein gosier ; c'était le bonsoir qu'ils semblaient donner aux curieux, de tous côtés attentifs à les regarder; après quoi ils volaient à leur lustre, et tout était calme jusqu'au lendemain matin.

On ne saurait croire combien ces petits oiseaux étaient aimés de leur maîtresse. Les personnes de sa société en faisaient souvent leur amusement; tout le quartier en était dans l'admiration.

Un soir qu'il se préparait un violent orage, il tardait à madame Reynaud que ses petits hôtes rentrassent au logis; elle les guettait à sa fenêtre; bientôt elle les entendit : cette fois le quatrième camarade était avec eux : c'était du nouveau. Madame Reynaud se retira à l'écart pour ne point l'empêcher d'entrer, et elle examinait à travers une porte vitrée à quoi il allait se décider. Les trois habitués allèrent droit au lustre, l'autre resta sur le balcon; ses camarades voltigeaient du lustre à la fenêtre, comme pour l'engager à venir auprès d'eux. L'orage éclata; la pluie tombait par torrens, et le tonnerre grondait d'une manière effroyable. Les trois oiseaux perchés sur le lustre, appelaient de toute leur force leur entêté de camarade; enfin il se décida à entrer dans la chambre, vola sur le lustre et passa la nuit auprès d'eux. Sans doute qu'il se trouva bien du gîte ; car, à compter de ce jour, il revint exactement chaque soir coucher à la maison.

Peu de tems après, l'un des oiseaux tomba malade; et tous les soins de sa maîtresse ne purent lui conserver la vie. Les trois autres oiseaux, s'imaginant sans doute qu'on leur avait enlevé leur camarade, ne pouvaient plus voir madame Reynaud sans entrer en colère ; ils voltigeaient autour de sa tête en criant avec force et en cherchant à lui donner des coups de bec. Elle s'avisa d'acheter un oiseau semblable à celui qui était mort ; et lorsque les trois habitués furent endormis sur leur lustre, elle y percha son nouvel hôte. Mais elle fut obligée de le retirer de la société dès le lendemain ; les trois anciens ne prirent point le change sur ce nouveau compagnon ; ils ne voulurent point l'admettre dans la famille, et le maltraitèrent au point qu'il lui resta à peine quelques plumes.

Le 15 d'août, plusieurs personnes qui

étaient venues voir madame Reynaud, et à qui elle avait parlé de ses oiseaux, attendaient avec curiosité l'instant de leur arrivée. Mais l'heure habituelle se passa, la nuit vint, et les trois petits coureurs ne parurent point. On concevra facilement l'inquiétude de leur maîtresse. Qu'étaient devenus ces pauvres petits? Ne leur était-il point arrivé de malheur? Quelques chats ne les avaient-ils point croqués? Pendant plusieurs jours on ne songea qu'à eux; on s'informa dans tout le quartier; point de nouvelles : une semaine, deux semaines se passèrent. « Pauvres petits malheureux! ils sont perdus pour moi; je ne les verrai plus, » disait leur maîtresse.

Dans le mois de septembre, pendant qu'on était à dîner en compagnie, deux oiseaux entrèrent dans la chambre, et vinrent se placer sur l'épaule de madame Reynaud. Quelle fut sa surprise en reconnaissant en eux deux de ses petits amis! On guetta, on appela en vain le troisième; il n'était point du voyage. Toute la société fêta le retour des deux fugitifs; sans doute la moisson ou les amours avaient causé leur absence.

Ici-bas il n'est point de plaisir sans peine. Ce retour avait fait éprouver une joie bien douce ; elle fut de courte durée. M. et madame Reynaud allaient cette année à Mortagne au Perche : c'était un voyage trop long pour emmener en cage nos deux petits amis ; il fallut donc leur dire adieu. On laissa des provisions; on recommanda aux domestiques de les soigner comme avait coutume de le faire leur maîtresse ; elle conservait l'espoir de les trouver à son retour. Mais du moment qu'ils ne la virent plus, ils cessèrent de revenir le soir. Ce voyage de Mortagne fut cause qu'elle les perdit tout-à-fait.

Le Moineau de l'Invalide.

On a vu à l'Hôtel des Invalides un moineau franc qui était devenu le compagnon assidu, l'ami fidèle d'un vieux guerrier. Aucune voie de contrainte ne le retenait à l'Hôtel; il y était parfaitement libre, et en sortait quand il voulait : jamais cependant il ne couchait dehors, et un coup de sifflet de son vieil hôte suffisait pour le faire rentrer au milieu du jour. Ce dernier devenait-il malade, le moineau ne quittait plus le chevet de son lit, et se privait, de lui-même, de toute excursion, de toute promenade.

On lit dans les *Instructions tirées de l'exemple des animaux*, qu'il y avait à Béziers un moineau franc qui s'était tellement attaché à un chat, qu'ils ne pouvaient exister l'un sans l'autre. Ils dormaient ensemble, et chaque jour on les voyait jouer sans contrainte. Le chat tombe d'un quatrième étage et se tue. Le moineau ne mangea plus On eut beau exciter son appétit par ce qu'il y avait de plus friand, il y fut insensible, et sa douleur le suffoqua.

La Mouche de l'Électeur de Saxe.

Baalzébub, qui signifie *Seigneur des Mouches*, fut la divinité la plus révérée des peuples de Chanaan. Le plus souvent, il était représenté avec les attributs de la puissance suprême; quelquefois sous la figure d'une mouche. On lui attribuait le pouvoir de délivrer les hommes des mouches qui ruinaient les moissons. On sacrifiait au dieu des mouches, avant les jeux olympiques, pour que ces animaux n'en troublassent point la solennité.

Le plus grand plaisir de l'empereur Domitien était de s'enfermer dans son cabinet et de prendre des mouches. Un sénateur romain, voulant parler à l'empereur, demanda s'il n'y avait personne avec lui. « Il n'y a pas seulement une mouche, » répondit Vibius Crispus. Cette plaisanterie lui coûta la vie.

Ces petites bêtes, si légères et si volages, ont pourtant des retours d'amitié. Un Électeur de Saxe en avait accoutumé une à venir de préférence sur sa main et sur son front, d'une manière si marquée, que, lorsqu'il la renvoyait, elle se couchait sur le dos et paraissait expirer.

Mademoiselle *de Mérian*, qui a observé le *porte-lanterne*, mouche luisante qui se trouve à Saint-Domingue, dit qu'une seule lui a suffi pour dessiner tous les insectes de Surinam. Elle avait placé son porte-lanterne dans une fiole de cristal, et il lui servit ainsi de bougie pendant plusieurs mois de suite. On peut aisément voyager la nuit, en portant un ou deux de ces insectes attachés à un bâton.

Les Moucherons de Sapor.

Vers la fin du quatrième siècle, Sapor, roi de Perse, vint assiéger la ville de Nisibie, en Mésopotamie; il fit trembler d'abord ce puissant rempart de l'empire romain. Des tours furent élevées de distance en distance par les plus habiles ingénieurs. Deux cent mille hommes de pied, trente mille de cavalerie et trois cents éléphans, furent répartis, sur différens points, autour des circonvallations ; les eaux du fleuve Magdone, qui arrosaient cette superbe cité, furent même détournées de leur lit.

Une puissance si formidable vint échouer devant des vermisseaux. Théodoret rapporte qu'au moment où les Nisibiens se croyaient perdus, un vent du midi souffla des nuées de moucherons qui obscurcirent l'air et couvrirent la terre de toutes parts. Des millions de ces insectes s'introduisirent tout-à-coup dans les oreilles des chevaux; ils remplirent la trompe des éléphans, et se mirent à les piquer si vivement et leur causèrent des douleurs si insupportables, que ces animaux rompirent leur sangle et leur bride, coururent çà et là en forcenés, renversèrent les soldats, et les foulèrent aux pieds. Le désordre fut si épouvantable dans tout le camp, que Sapor se vit contraint de prendre la fuite, après avoir perdu les trois quarts de son armée.

On lit dans l'*Improvisateur Français*, que le roi Jacques étant à la chasse, un moucheron lui entra dans l'œil. Aussitôt l'impatience prend au monarque; il descend de cheval en colère; il traite le moucheron d'insolent, et lui adressant la parole : « Méchant animal, lui dit-il, n'as-tu pas assez de trois grands royaumes que je te laisse pour te promener, sans qu'il faille que tu viennes loger dans mes yeux! »

Moutons consacrés au Soleil.

Il y a, dans la ville d'Apollonie, dans le golfe d'Ionie, des moutons consacrés au Soleil, qui paissent pendant le jour le long du fleuve qui coule du mont Lacmon, et la nuit ils sont gardés dans un antre par des hommes qu'on choisit exprès tous les ans parmi les plus considérables de la ville par leur naissance et par leurs richesses. Hérodote raconte qu'Evène ayant été choisi à son tour, s'endormit comme il gardait ces moutons, et il entra des loups qui en tuèrent environ soixante. Les Apolloniates ayant appris cet événement, condamnèrent Evène à avoir les yeux crevés pour avoir dormi lorsqu'il fallait veiller.

Rhodes fut surprise par les chevaliers de Saint-Jean de Jérusalem mêlés parmi des moutons, et couverts, comme Ulysse, de la peau de quelques-uns.

Les Murènes de Baules.

Les murènes sont une espèce de lamproie. Caïus Hirrius s'avisa le premier de faire construire dans sa maison de campagne un réservoir pour les murènes en particulier ; et il en prêta six mille à Jules-César, lorsque celui-ci, étant dictateur, donna des festins à l'occasion de ses triomphes; car il ne voulut ni les vendre ni les échanger contre toute autre chose. Cette maison ayant été vendue quelque tems après, ses réservoirs en firent monter le prix à quatre millions de sesterces (quatre cent mille livres de notre monnaie). Après cette manie générale pour l'espèce, on en vint à se passionner aussi pour telle ou telle autre murène. Il y en eut une dans un réservoir de Baules, au territoire de Baies, qui fut tellement aimée de l'orateur Hortensius, dont nous avons la statue au Muséum, qu'on prétend qu'il la pleura quand elle fut morte. Lucius Crassus, plus fou encore, porta le deuil d'un poisson de la même espèce. Dans la même maison de plaisance, Antonia, femme de Drusus, s'affectionna pour une autre murène, au point de lui mettre des pendans d'oreilles; et la renommée de ce poisson attira à Baules plusieurs curieux. Un fait atroce, au sujet des murènes, a attaché au nom de Vidius Pollion un souvenir plein d'horreur. Ce sénateur romain, persuadé que les murènes nourries de chair humaine avaient une saveur plus délicate, faisait jeter des esclaves dans les piscines où il nourrissait ces poissons, près le golfe Marc-Piano. Un jour qu'Auguste dînait chez Pollion, il désira savoir quels moyens il employait pour donner un goût si exquis à ses murènes; l'épicurien ne balança pas de lui apprendre son secret : l'empereur indigné ordonna aussitôt de jeter cet homme dans ses propres étangs, et de les remplir tous de décombres.

La Nacre et le Pinnothère.

On lit dans Pline cette description curieuse qui prouve que les animaux aquatiques ont aussi leur malice. La nacre naît dans des endroits limonneux; elle s'associe avec le pinnothère, qui est une sorte d'écrevisse, et tous deux cherchent leur proie de concert; voici de quelle manière : La nacre, en s'ouvrant, présente son corps à découvert et dépourvu d'yeux, à des petits poissons qui se jettent en foule sur cette amorce sans rencontrer de résistance; la facilité qu'ils y trouvent les enhardit au point qu'ils remplissent toute la capacité du coquillage. Le pinnothère, qui épie ce moment, en donne alors avis à sa compagne par une morsure légère. Aussitôt la nacre, en se resserrant, tue tout ce qu'elle renferme, et fait part de sa prise à son associé.

Les Oies du Capitole.

Ce furent des oies qui sauvèrent le Capitole de l'invasion des Gaulois, déjà maîtres de la ville de Rome, en avertissant de leur approche. En reconnaissance de ce bon office, les Romains ordonnèrent qu'il y aurait toujours un certain nombre d'oies entretenues dans le Capitole aux dépens du public. Le premier soin des censeurs lorsqu'ils entraient en charge, était de pourvoir à leur nourriture. La superstition fut poussée jusqu'à offrir des sacrifices à ces oiseaux tutélaires. Chaque année, on portait en procession une oie sur un brancard richement décoré; cette cérémonie se pratiquait encore du tems des empereurs Nerva et Trajan (1).

Willughby cite une oie qui avait quatre-vingts ans, et qu'on fut obligé de tuer, à cause de sa méchanceté et des mauvais traitemens qu'elle faisait aux oisons. J'en ai vu une, dit Lémery, qui tournait une roue de cheminée pour faire rôtir de la viande.

L'Oie du château de Ris.

Il y avait dans la basse-cour du château de Ris deux oies mâles, un gris et un blanc, avec trois femelles; c'était toujours querelle entre les deux mâles à qui aurait la compagnie de ces trois dames; quand l'un ou l'autre s'en était emparé, il se mettait à leur tête, et empêchait que l'autre n'en approchât. Celui qui s'en était rendu maî-

(1) Ici il faut être impartial, les chiens ne firent pas leur devoir. Il y en avait de consacrés à la garde du Capitole; ils n'aboyèrent point à l'approche des Gaulois. On les eut en horreur, et tous les ans on en empalait un avec une branche de sureau.

tre dans la nuit, ne voulait pas les céder le matin; enfin les deux galans en vinrent à des combats si furieux, qu'il fallut y mettre ordre. « Un jour entre autres, dit le concierge du château, qui communiqua cette anecdote à M. de Buffon, attiré au fond du jardin par leurs cris, je les trouvai en dispute, se donnant des coups d'ailes avec une rapidité et une force étonnantes; les trois femelles tournaient autour d'eux pour les séparer, mais sans en venir à bout; enfin, le mâle blanc (nommé *Jacquot*) eut le dessous, se trouva renversé, et était très maltraité par l'autre; je les séparai, heureusement pour le blanc, qui y aurait perdu la vie. Alors le gris se mit à crier, à chanter et à battre des ailes, en courant rejoindre ses compagnes, et en leur faisant tour à tour un ramage bruyant auquel répondaient les trois dames, qui vinrent se ranger autour de lui. Pendant ce tems-là, le pauvre *Jacquot* faisait pitié, et se retirant tristement, jetait de loin des cris de condoléance; il fut plusieurs jours à se rétablir, durant lesquels j'eus occasion de passer par les cours où il se tenait : je le voyais toujours exclu de la société; et chaque fois que je passais, il me venait faire des harangues, sans doute pour me remercier du secours que je lui avais donné dans sa grande affaire. Un jour il s'approcha si près de moi, et me marqua tant d'amitié, que je ne pus m'empêcher de le caresser, en lui passant la main sur le cou et sur le dos, ce à quoi il parut être si sensible, qu'il me suivit jusqu'à l'issue des cours.

Le lendemain je repassai, et il ne manqua pas de courir à moi; je lui fis la même caresse, dont il ne se rassasiait pas : il semblait, par ses manières, me demander de le conduire près de ses chères amies; je l'y conduisis en effet. En arrivant, il commence sa harangue, et l'adresse aux trois dames, qui ne manquent pas d'y répondre : aussitôt le conquérant gris sauta sur *Jacquot*; je les laissai faire pour un moment; il était toujours le plus fort; enfin je pris le parti de mon *Jacquot*; je le mis dessus, il revint dessous; je le remis dessus : de manière qu'ils se battirent onze minutes, et, par le secours que je lui portai, il triompha du gris, et s'empara des trois femmes.

Quand l'ami *Jacquot* se vit le maître, il n'osa plus quitter ses demoiselles, et par conséquent il ne venait plus à moi quand je passais; il me donnait seulement de loin des marques d'amitié, en criant et battant des ailes, mais ne quittait pas ses belles, de peur que l'autre ne s'en emparât. Le tems se passa ainsi jusqu'à celui de l'incubation, qu'il ne me parlait toujours que de loin; mais quand ses femmes se mirent à couver, il les laissa et redoubla d'amitié pour moi. Un jour, m'ayant suivi jusqu'à la glacière, tout au haut du parc, qui était l'endroit où il fallait le quitter, poursuivant ma route pour aller au bois d'Orangis, à une demi-lieue de là, je l'enfermai dans le parc; il ne se vit pas plus tôt séparé de moi, qu'il jeta des cris étranges. Je suivais cependant mon chemin, et j'étais environ au tiers de la route du bois, quand le bruit d'un gros vol me fit tourner la tête; je vis mon *Jacquot* qui s'abattit à quatre pas de moi; il me suivit dans toute ma course, partie à pied, partie au vol, me devançant souvent, et s'arrêtant aux croisières des chemins pour voir celui que je voulais prendre : notre voyage dura ainsi depuis dix heures du matin jusqu'à huit heures du soir, sans que mon compagnon eût manqué de me suivre dans tous les détours du bois, et sans qu'il en parût fatigué. Dès-lors il me suivit et m'accompagna partout, au point d'en devenir importun, ne pouvant aller en aucun endroit qu'il ne fût sur mes pas, jusqu'à venir un jour me trouver dans l'église. Une autre fois, comme il me cherchait dans le village, en passant devant la croisée de M. le curé, il m'entendit parler dans sa chambre, et trouva la porte de la cour ouverte; il entre, monte l'escalier, et accourt près de nous, en jetant un cri de joie qui fit grand peur à M. le curé.

Je m'afflige quand je pense que c'est moi qui ai rompu le premier une si belle amitié; mais il a fallu m'en séparer par la force : le pauvre *Jacquot* croyait être libre dans les appartemens les plus propres comme dans le sien, et, après plusieurs incongruités de sa part, on me l'enferma, et je ne le vis plus. Son inquiétude dura plus d'un an, et il en perdit la vie de chagrin; il était devenu sec comme un morceau de bois, suivant ce que l'on m'a dit; car je ne voulus pas le voir, et l'on me cacha sa mort pendant plus de deux mois. S'il fallait répéter tous les traits d'amitié de ce pauvre *Jacquot* envers moi, je ne finirais pas; il est mort dans la troisième année de son règne d'amitié, à l'âge de sept ans et deux mois. »

Les Oies de Pirou.

Au pied des murailles du château de Pirou, situé sur la côte de Basse-Normandie, vis-à-vis les îles de Jersey et de Guernesey, on compte dix-huit ou vingt niches de pierre où l'on a soin, tous les ans, de mettre des nids faits de paille ou de foin, pour les oies sauvages qui ne manquent pas, le premier jour de mars, de venir la nuit faire plusieurs rondes autour du château, pour voir, au clair de la lune et des étoiles, si leurs nids sont prêts. Elles en prennent possession en se disputant les plus mollets et les plus commodes. Quelquefois à grands coups d'ongles et de bec, ces oiseaux se mettent tout en sang, et font un si grand bruit, que les échos retentissent de toutes parts ; on ne s'entend point dans les appartemens du château, ni dans les masures des environs. Quand tous ces nids sont pris par les plus braves d'entre les oies, on en met six ou sept autres sur les parapets des murailles, qui ne demeurent pas long-tems vides. Comme ces murailles sont extraordinairement hautes, les oies qui y couvent ne manquent pas, dès que leurs petits sont éclos, d'avertir, en criant, qu'on vienne les descendre dans le fossé ; si on ne leur rend pas ce bon office, les mères y descendent elles-mêmes, et, étendant charitablement leurs ailes, reçoivent leurs petits à la descente, de crainte qu'ils ne se blessent.

Quand ces oies sont hors du château, on ne peut les approcher, même de très loin, sans les faire envoler ; mais quand elles sont dans le château, cessant pour l'amour de leur hôte d'être sauvages, elles viennent prendre du pain et de l'avoine à la main quelque bruit qu'on fasse, ou même qu'on tire des coups de fusil dans les cours, elles ne s'en effarouchent point. Elles couvent depuis le commencement de mars jusque dans le mois de mai. Lorsque leurs petits sont assez forts pour les suivre, elles se retirent la nuit dans les lacs voisins, pour ne revenir que l'année suivante.

Le château de Pirou est si ancien, que les bonnes gens du pays croient qu'il a été bâti par les Fées, bien des années auparavant que les Norwégiens ou Normands vinssent habiter la Neustrie. Ils disent que ces Fées, qui étaient filles d'un grand seigneur du pays, célèbre magicien, se métamorphosèrent en des oies sauvages, quand les Normands descendirent à Pirou, et que ce sont ces oies-là même qui reviennent tous les ans faire leurs nids dans ce château.

Attachement extraordinaire de quelques Oies.

Le docteur Fritler rapporte qu'un jeune

oison ayant vu tuer sa mère, ne la quitta point jusqu'au moment où elle fut mise à la broche pour être rôtie. Lorsqu'on approcha l'oie du feu, son enfant, ne pouvant survivre à l'auteur de ses jours, se précipita dans le brasier ardent, et s'y laissa périr.

Les oies sont réellement susceptibles d'attachement. Pline rapporte qu'une oie aima, pour sa beauté, un jeune enfant nommé Ægius, de la ville d'Olène; et qu'une autre aima Glaucia, joueuse de luth du roi Ptolomée, pour laquelle un bélier avait aussi une tendre affection. Le philosophe Lacyde avait une oie qui ne le quittait ni jour ni nuit, ni en public ni en particulier, et qui l'accompagnait jusqu'aux bains. Diogène Laërce atteste ce fait. Elien ajoute que cette oie étant morte, Lacyde lui fit de magnifiques obsèques.

Oiseaux révérés.

Les flammans ou phénicoptères (oiseaux de la taille de la grue) se trouvent en grand nombre dans plusieurs villages des côtes de l'Afrique, où, par un respect superstitieux, les nègres ne souffrent pas qu'on en tue un seul; ils les laissent paisiblement s'établir jusqu'au milieu de leurs habitations, malgré l'importunité de leurs cris, qui sont si bruyans, qu'on peut les entendre d'un quart de lieue. Les Français en ayant tué quelques-uns dans cet asile, furent forcés de les cacher sous l'herbe, de peur qu'il ne prît envie aux nègres de venger sur eux la mort d'un oiseau si révéré. On cite un empereur romain qui se fit servir quinze cents langues de flammans dans un seul plat.

Les Kamtschadales et les Kuriles portent à leur cou plusieurs becs de macareux, attachés à une courroie de cuir, que les prêtres leur donnent avec des cérémonies particulières; et ils croient être favorisés de la fortune tout le tems qu'ils conservent cette espèce de talisman.

On sait que François Ier prenait beaucoup de plaisir au chant du passereau, ou merle solitaire.

Suétone rapporte que l'empereur Caligula estimait tant l'outarde, qu'il voulut qu'on l'offrît en sacrifice dans les temples.

L'Oiseau grec.

A Marseille, un jeune homme qui chassait dans une campagne appartenant à la famille Borély d'Isoard, abat un oiseau de l'espèce des bergeronnettes ; quelle est sa surprise, en le ramassant, de trouver sous son aile un petit morceau de papier, sur lequel était inscrit ce quatrain si attendrissant :

« Déjà s'éteint pour nous la dernière espérance ;
» Bientôt va succomber l'étendard de la foi ;
» Oiseau, sois plus heureux que moi,
» Et puisses-tu revoir la France. »

« Acropolis, le 2 août 1827. »

« Vole librement ; vole et vis pour la liberté ; bientôt nous mourrons ici de faim pour elle. »

Ce billet, recueilli par le jeune chasseur, fut aussitôt porté à M. Borély, président du comité grec ; c'était le rendre à son adresse naturelle. L'honorable magistrat, en examinant les lettres de ce billet, presque imperceptibles à cause de l'exiguïté du format, reconnaît l'écriture du jeune philhellène Molière, qui fut recommandé par un illustre général au comité de Marseille. Ainsi, par une espèce de prodige, le message de l'héroïsme expirant a été fidèlement rempli; et en lisant ces lignes touchantes, des yeux français se sont mouillés de larmes. Le messager et la lettre sont religieusement conservés dans le cabinet de M. Borély.

L'Orque de l'Empereur Claude.

L'orque est une espèce de dauphin, mais vingt fois plus gros; c'est l'ennemi déclaré de la baleine. Quand ils combattent ensemble, on dirait que la mer est en fureur contre elle-même; car quoiqu'alors il ne fasse aucun vent, les vagues, soulevées par le souffle des combattans, et par les coups qu'ils se portent, surpassent celles qu'exciteraient les plus violentes tempêtes. Il vint un orque dans le port d'Ostie, dans le tems que l'empereur Claude faisait construire ce port. L'animal avait été attiré par des cuirs apportés de la Gaule, et perdus dans un naufrage; il s'était rassasié de ces cuirs pendant plusieurs jours, et s'était creusé au fond de la mer une espèce de canal, où il était si bien enseveli sous les vagues, qu'on ne pouvait en aucune façon l'environner. Mais un jour qu'il courait après sa proie, il fut poussé sur le rivage par les flots, tellement que son dos se trouva fort élevé au-dessus de la surface de l'Océan, et ressemblait à un navire renversé. Alors l'empereur fit tendre quantité de filets à l'entrée du port, et, s'étant avancé en personne avec les cohortes prétoriennes, il donna aux Romains un spectacle remarquable; car il fit attaquer l'animal à coups de lances par des soldats placés sur des vaisseaux, dont un coula à fond devant mes yeux, dit Pline, ayant été rempli de l'eau que l'animal souffla dessus.

L'Ours de Précioli.

L'ours sert de spectacle, dans nos villes, aux gens du peuple. Il est assez singulier de voir cet originaire des Alpes, cet habitant des forêts, cet animal enfin qui ne paraît qu'une lourde masse de chair, se promener dans nos places publiques, et amuser les passans par sa danse grotesque, en se tenant droit sur ses pattes de derrière ; on lui place dans celles de devant le chapeau du maître, et il fait ainsi la quête en passant devant chaque spectateur.

M. Buchoz, dans son *Histoire des Insectes*, raconte que quand les ours ont des indigestions, ils enduisent leur langue de miel, et l'enfoncent ensuite dans une fourmilière; les fourmis ne s'y sont pas plus tôt attachées, qu'ils la retirent, les avalent et se trouvent guéris.

Mercier, dans son *Tableau de Paris*, dit qu'on a vu des conducteurs d'ours, voleurs de grands chemins, se servir de ces animaux pour dépouiller les passans; on les avait dressés à ce coupable usage.

Un article de Précioli, département de la Méditerranée, inséré dans le *Journal de Paris* du 1er février, nous instruit qu'un conducteur d'ours qui court le monde, et gagne sa vie en faisant danser grotesquement son lourd compagnon, ayant été surpris par la nuit et une forte pluie, gagna la maison d'un paysan de sa connaissance, et lui demanda l'hospitalité. Le paysan y consentit ; mais il n'avait pour loger l'ours qu'une petite étable où était enfermé son cochon, qu'il ne voulait pas exposer aux griffes du terrible animal. Après quelques pourparlers, il fut décidé que le cochon serait logé ailleurs, et que l'ours prendrait sa place. La nuit se passa tranquillement, au moins en apparence. Mais le matin, lorsque l'hôte et le conducteur allèrent délivrer l'ours de sa prison, quelles furent leur surprise et leur frayeur, de trouver à ses côtés deux hommes morts et déchirés en pièces! D'après les renseignemens qu'on s'est procurés à ce sujet, il paraît que ces deux hommes étaient deux voleurs qui avaient, bien *malencontreusement* pour eux, choisi cette nuit-là pour aller voler le cochon du paysan, à la place duquel ils ont trouvé l'ours et la mort.

Ours des Ostyacks.

Les Ostyacks, peuplade de la Sibérie, supposent une âme immortelle à l'ours : ils s'imaginent que cette âme pourrait les poursuivre et les punir de quelque infraction à la bonne foi. En voici une preuve éclatante. Quand il s'agit de leur faire prêter serment de fidélité à la couronne de Russie, les Waywodes, envoyés du Gouvernement, les font rassembler dans une cour où est étendue par terre une peau d'ours, et là ils prononcent les paroles suivantes : « Au cas que je ne demeure pas toute ma vie fidèle à mon souverain ; si je me révolte contre lui de mon propre mouvement et avec connaissance ; si je néglige de lui rendre les devoirs qui lui sont dus, ou si je l'offense en quelque manière que ce soit, puisse cet ours me déchirer au milieu des bois ! » Ils ne doutent pas, après cela, que l'âme de l'ours, errante dans les bois, ne chercherait à se venger, s'ils violaient leur serment ; et il n'y a pas d'exemple qu'ils l'aient jamais violé, quoiqu'on les ait souvent inquiétés pour cause de religion.

L'Ours au miel.

Le miel se trouve en grande abondance en Moscovie, et particulièrement dans le creux des arbres. Dans l'histoire de ce pays, publiée par l'ambassadeur Démétrius, on lit cette aventure extraordinaire : Un paysan, cherchant sa provision dans les arbres d'une forêt, se laissa couler dans le creux d'un gros tronc; s'étant, par son poids, enfoncé dans le miel jusqu'à la ceinture, il n'en pouvait plus sortir ni remonter à cause de la profondeur. Cet homme fut obligé de rester deux jours dans cette espèce de cachot; mais le troisième il fut surpris de voir un ours qui descendait à reculons dans ce même tronc pour aller se repaître de miel. Aussitôt qu'il vit l'animal à sa portée, il lui prit les jambes, et, en les lui serrant de toute sa force, il se mit à jeter les hauts cris, qui effrayèrent tellement l'ours, qu'il s'élança hors du trou, et retira ainsi le paysan de cette espèce de précipice.

L'Ours du Jardin des Plantes.

On voit au Jardin des Plantes un ours très apprivoisé, qui attire et réjouit la foule par ses manières drôles. Il est dans le fossé qui sépare le Jardin des nouvelles constructions. Un arbre, planté au milieu du fossé, lui sert de point d'élévation pour se montrer aux personnes qui se promènent dans le Jardin. Quand il y en a un assez grand nombre amassées le long de son parapet, il descend de son arbre, et vient se planter droit sur ses deux pattes de derrière comme pour saluer la compagnie. En même tems il ouvre une grande gueule, pour demander si l'on n'a pas quelque chose à lui donner. Il est très friand de gâteaux de Nanterre, de pain d'épice, de biscuit, de macarons; il reçoit très adroitement dans sa gueule, et à la volée, tout ce qu'on lui jette. Mais rien n'est curieux comme de lui voir manger des noix; il les casse et les épluche soigneusement, jetant de côté le bois pour n'avaler que l'amande.

Lorsqu'il se présente ainsi dressé sur ses pattes, et qu'on veut lui faire gagner ce dont on le régale, on lui dit : *Colin* (c'est un nom qu'on lui a donné et qu'il entend très bien), *tourne ;* alors cet animal fait un demi-tour en se tenant toujours droit; et se renversant la tête en arrière, il reçoit de cette manière dans sa gueule, et aussi adroitement, ce qu'on lui jette. Des espiègles se font un jeu quelquefois de le faire tourner et retourner sans lui rien donner; mais si *Colin*, ainsi trompé, perd une fois patience, il prend un bâton dans son fossé et cherche à punir ceux qui se sont moqués de lui. Il a couru un bruit qu'il avait dévoré un enfant qui était tombé de dessus le parapet; heureusement il est même faux qu'un enfant soit tombé. Un chien qu'on a poussé malicieusement dans ce fossé, est resté un jour entier avec l'ours, sans que celui-ci lui ait fait le moindre mal.

Jonston dit qu'un prince de Lithuanie avait un ours qui, tous les matins, en sortant du bois, venait au palais, frappait à la porte avec ses pieds de devant, demandait à manger, et, après avoir pris son repas, s'en retournait à la forêt.

L'Ours de Weroë.

En Norwège, au 68e degré du Nord, on voit dans la mer, entre les îles de Moskoë et Lœfœden, distantes l'une de l'autre d'une grande lieue, un gouffre épouvantable; les gens du pays l'appellent le fleuve Moskoë. Quand la mer a son reflux, tous les vaisseaux qui s'en approchent de trop près, soit par une tempête ou par la négligence des pilotes, sont attirés dans le moment avec tant de force dans ce gouffre, qu'après leur avoir fait faire plusieurs tours, il les engloutit à la fin, de quelque grandeur et force qu'ils puissent être; ils se brisent contre les rochers qui environnent cet abîme; ce qu'on voit après par les tristes marques de leurs débris qui paraissent sur la mer. La même chose arrive aussi aux baleines, qui par hasard se trouvent trop près de ce tourbillon; attirées malgré elles dans ce cercle, après plusieurs tours, elles sont englouties, et mises en mille pièces contre les rochers. C'est une chose effroyable à entendre, quand ces animaux sont dans cet abîme, avec quelle force et quel rugissement ils se défendent contre la violence de l'eau. Ce gouffre est rarement tranquille, et ne l'est jamais que pendant une demi-heure au plus dans le beau tems, ou quand il est plein jusqu'au niveau. L'histoire rapporte qu'en 1627 un puissant ours le traversa et arriva dans l'île de Moskoë, mais si fatigué qu'il mourut sur-le-champ ; sa peau se montre encore aujourd'hui aux étrangers à Weroë dans la grande église, comme une rareté.

L'Ourse bonne mère.

Tout l'équipage de la frégate *la Carcasse,* envoyée pour faire des découvertes vers le pôle arctique, a été témoin du fait qu'on va lire. Ce vaisseau était arrêté par les glaces. Un jour, de grand matin, la sentinelle du grand mât avertit que trois ours accouraient sur les glaces vers la frégate. L'équipage avait tué, quelques jours auparavant, un cheval marin, et en avait jeté sur la glace quelques parties de rebut. Apparemment que l'odeur de ces chairs enflammées, répandue au loin par la fumée, attirait ces ours. Effectivement, ils se précipitèrent sur la flamme, en retirèrent avec leurs pattes ce qui n'était pas encore consumé, et le dévorèrent. L'équipage leur jeta quelques autres morceaux de chair. La mère vint les ramasser un à un, les porta auprès de ses oursins, en forma trois parts, leur donna les deux plus fortes, et ne réserva pour elle que la moindre. Au moment qu'elle enlevait le dernier morceau, ses deux petits furent tués, et elle reçut elle-même un coup de fusil. C'est alors qu'elle offrit un spectacle propre à toucher le cœur le plus dur. Blessée grièvement, et pouvant à peine se traîner, elle retourne, en répandant son sang, à l'endroit où ses oursins étaient tombés, leur porte le morceau de chair qu'elle avait pris, le partage, et le leur présente. Voyant qu'ils ne se mettaient pas en devoir de le dévorer, elle pose une de ses pattes sur l'un, puis sur l'autre, pour les faire lever, et pousse des cris douloureux en les voyant rester immobiles; son affliction se peint dans ses yeux et dans sa démarche. Elle s'éloigne en soupirant et la tête baissée, s'arrête à quelque distance, revient encore auprès de ses petits, tourne autour d'eux, les flaire, lèche leurs plaies, et se traîne de nouveau à quelques pas, en se retournant souvent, et remplissant l'air de ses gémissemens. Enfin, étant encore revenue une troisième fois auprès d'eux, elle sentit, après tant de tentatives inutiles, qu'ils étaient froids et sans vie. Elle se tourna vers le vaisseau, et semblait, par ses hurlemens, maudire les meurtriers de ses petits, ou les prier de lui donner la mort à elle-même; on lui tira alors quelques coups de fusil qui la renversèrent entre les deux oursins.

Paons du roi d'Angola.

Le paon tient le premier rang entre les oiseaux domestiques, comme l'aigle entre les oiseaux de proie. Il est originaire des Indes orientales; il est passé de là dans la Grèce; il s'est avancé ensuite vers les parties méridionales de l'Europe, et, de proche en proche, en France, en Allemagne, etc. Cet oiseau fut très recherché chez les Grecs par rapport à sa beauté; c'est cette même beauté qui le fit également rechercher chez les Romains de la fin de la République et du tems des premiers Empereurs. L'Augure Hortensius sacrifia les premiers paons dont s'honore la gourmandise romaine. Le Père Jarric dit qu'au royaume d'Angola, le roi seul a le droit de nourrir des paons; une loi condamne à mort ceux qui s'aviseraient de leur arracher seulement une plume.

En France, dans les tems modernes, on servait cet oiseau avec toute sa parure, sur les tables d'appareil, et c'était sur un paon ainsi préparé que nos anciens chevaliers faisaient, dans les grandes occasions, leur vœu appelé *le Vœu du paon.* C'était avec les plumes du paon qu'on formait des couronnes pour nos premiers poètes, les *Troubadours;* et ce n'était peut-être pas sans intention que l'on arrachait à cet oiseau, symbole de la vanité, des plumes pour en récompenser l'art qui excite le plus la vanité et l'orgueil.

L'histoire nous apprend qu'Alexandre-le-Grand était si épris de la beauté de cet oiseau, que l'ayant vu pour la première fois aux Indes, il décréta une peine très rigoureuse contre ceux qui en tueraient. On a regardé comme une propriété particulière à la chair de paon de se conserver long-tems sans se corrompre. Saint Augustin dit qu'on lui servit à Carthage cet oiseau cuit, dont il fit réserver un morceau qui, au bout de trente jours, se trouva aussi sain que le premier, et qu'au bout de l'an il se trouva seulement un peu plus sec et rapetissé. Aldrovande écrit qu'en 1598, il lui en fut donné un morceau qui avait été cuit en 1592, et que cependant il n'avait contracté aucune mauvaise odeur. Cet oiseau devint la malheureuse victime d'un ressentiment national : les Suisses étant courroucés contre un duc d'Autriche, détruisirent tous les paons qui se trouvaient dans leur pays, parce que les armes de ce prince avaient une queue de paon pour cimier. Quel massacre d'innocens !

La Panthère de Philin.

Le physicien Démétrius raconte ce fait d'une panthère. Comme elle se tenait couchée à terre au milieu d'un grand chemin, dans l'extrême désir du secours de l'homme, vint à passer par-là le père d'un philosophe nommé Philin, auquel l'apparition subite de cette bête féroce causa une grande terreur. Il commença donc à rebrousser chemin ; mais elle se plaçait au-devant de lui avec des démonstrations non équivoques de caresses, et des signes d'un violent chagrin, que, toute panthère qu'elle était, elle faisait entendre à sa manière. (Elle venait de mettre bas depuis peu ; et ses petits étaient tombés assez loin de là dans une trappe). L'homme eut donc compassion d'elle ; en conséquence, il prit d'abord sur lui d'écarter toute crainte : ensuite il chercha à lui prêter secours, se laissant mener où on le conduisait ; car l'animal le tirait doucement par la robe avec ses griffes. Arrivé à l'endroit, il reconnut aussitôt qu'il s'agissait de faire cesser les regrets de cette bonne mère, et comprit que son propre salut dépendait du succès; il retira les petits de la fosse : cela fait, la panthère, suivie de ses petits, accompagna son bienfaiteur jusque par-delà les solitudes, en bondissant de joie autour de lui, et en donnant facilement à connaître que sa reconnaissance était complète, et qu'elle n'entendait point déduire en compte le bon office qu'elle lui rendait à son tour en lui servant de sauve-garde; n'imitant point en cela la manière ingrate dont, le plus souvent, l'homme lui-même apprécie un bienfait.

Pélicans apprivoisés.

Les anciens, toujours passionnés pour le merveilleux, frappés peut-être de la figure extraordinaire du pélican, le représentaient comme l'emblème le plus touchant de la tendresse paternelle, se déchirant le sein pour nourrir de son sang sa famille languissante; mais cette fable, que les Égyptiens racontaient déjà du vautour, ne devait pas s'appliquer au pélican, qui vit dans l'abondance, et auquel la nature a donné de plus qu'aux autres oiseaux pêcheurs une grande poche, dans laquelle il porte et met en réserve l'ample provision du produit de sa pêche.

Le Père Labat raconte que des sauvages avaient dressé un pélican, qu'ils envoyaient le matin à la pêche, et qui revenait le soir le sac plein de poissons qu'ils lui faisaient dégorger.

L'empereur Maximilien avait un pélican qui était très apprivoisé, et qui l'accompagnait partout, même à l'armée : il vécut quatre-vingts ans.

Raczynski cite un pélican nourri pendant quarante ans à la cour de Bavière; cet oiseau se plaisait beaucoup en compagnie, et paraissait prendre un plaisir singulier à entendre de la musique. M. de Saint-Pierre a vu un pélican de la plus grande taille, qui jouait familièrement avec un gros chien, et s'amusait à lui prendre la tête et à la cacher dans son énorme poche. On voit en ce moment, à Paris, sur le boulevard du Temple, un pélican apprivoisé qui est très doux et très familier avec tout le monde; il fait le tour du cercle, et il bat des ailes au commandement de son maître, pour saluer la compagnie. Il est très plaisant de le voir se disputer avec un singe, son compagnon, pour avoir le poisson qui sert à sa nourriture.

Les Perdrix de Trébizonde.

Les perdrix n'étaient pas connues en France en 1440; ce fut René, roi de Naples, qui en apporta de l'île de Chio en Provence. Nicolaïs, dans son *Voyage d'Orient*, dit que dans l'île de Chio les perdrix sont si privées, qu'elles sortent le jour de chez ceux qui les élèvent, et reviennent le soir au premier coup de sifflet. Willughby raconte qu'un homme, d'après une gageure, parvint à apprivoiser assez une couvée de perdrix pour les conduire devant lui comme un troupeau, depuis le comté de Sussex jusqu'à Londres, quoiqu'elles fussent entièrement libres, et que leurs ailes ne fussent point coupées. Oderic de Frioul rapporte un fait plus extraordinaire ; il dit qu'un homme des environs de Trébizonde, avait apprivoisé quatre mille perdrix, dans le dessein de les donner à l'empereur. Il partit avec elles pour aller trouver ce prince à plusieurs lieues de là, dans son château de Thanega. Il marchait à pied ; les perdrix volaient en l'air; et lorsqu'il s'arrêtait pour se reposer, les perdrix s'abattaient, et se reposaient près de lui. Il arriva au château, les présenta à l'empereur, qui les accepta, et les fit mettre dans ses volières.

On lit dans Athénée que les insulaires de Samos étant descendus de leurs vaisseaux auprès du fleuve Siris pour aller à Sybare, furent tellement épouvantés par un bruit survenant d'un vol de perdrix, qu'ils se rembarquèrent subitement, et s'enfuirent en très grande confusion.

Perroquets chanteurs.

Les premiers perroquets qui parurent en Grèce, furent, dit-on, apportés de l'île Taprobane à Alexandre-le-Grand, par Onésicrite, que ce prince y avait envoyé. La beauté de ces oiseaux et leur talent d'imiter la parole, en firent bientôt un objet de luxe chez les Romains : le sévère Caton leur reproche d'entrer au sénat un perroquet sur le doigt. Ils logeaient cet oiseau dans des cages d'argent, d'écaille et d'ivoire, et le prix d'un perroquet fut quelquefois plus grand chez eux que le prix d'un esclave.

La découverte de l'Amérique et des Indes occidentales nous en a procuré en quantité. Plusieurs îles reçurent le nom d'*îles des Perroquets*. Ce furent les seuls animaux que Colomb trouva dans la première où il aborda, et ces oiseaux servirent d'objets d'échange dans le premier commerce qu'eurent les Européens avec les Américains.

Un original nommé Psaphon imagina

de se déifier par son perroquet : il l'instruisit à prononcer, *Psaphon est un dieu;* il le lâcha ensuite dans une forêt remplie de ces oiseaux, qui tous ayant appris à répéter ces mêmes paroles, persuadèrent à quelques Indiens la divinité de Psaphon.

Le perroquet de la marquise de Pompadour chantait, sans se tromper, les jolis couplets du cardinal de Bernis : *Que ne suis-je la fougère!* On a vu à Paris, rue Saint-André-des-Arts, un oiseau de ce genre entonner et finir le *Credo* en plein-chant, comme le plus gros chantre de Notre-Dame. Gesner cite un perroquet de son tems qui chantait également cette prière. Le cardinal Ascagne en avait un semblable. Scaliger dit qu'il en a vu un qui répétait la chanson des Savoyards, en exécutant leur danse.

Le Perroquet du Prince de Nassau.

Le chevalier *Temple* parle d'un perroquet très surprenant ; il répondait à toutes les questions qu'on lui faisait, en langue brésilienne, son pays natal : il était extrêmement gros et très vieux. Le prince de Nassau se l'étant fait apporter; comme il était accompagné de plusieurs domestiques, le perroquet dit en les regardant : *Quelle compagnie d'hommes blancs est-ce cela?* On demanda à cet oiseau, en lui montrant le prince, s'il connaissait cet homme-là? *C'est quelque général*, répondit-il sur-le-champ. — D'où viens-tu, lui demanda le prince? — *De Surinam.* — Que fais-tu là? — *Je garde les poulets.* M. de Nassau s'étant mis à rire, comme d'un quiproquo, le perroquet ajouta : *Tu ris! Je puis bien les faire venir aussi.* Il contrefit alors le cri de ceux qui appellent les poulets, et il en vint une demi-douzaine dans la salle.

Perroquets défenseurs.

Le Père Labat, dans sa description de l'Amérique, parle d'un religieux qui avait un perroquet qui le suivait jusqu'à l'autel, et se tenait pendant toute la messe sur le marche-pied, d'où il était impossible de l'arracher. Un jour que ce religieux se faisait saigner, le perroquet, croyant qu'on avait blessé son maître, se jeta sur le chirurgien, et le mordit jusqu'au sang. M. Fréville rapporte un trait à peu près semblable. Un petit américain avait élevé un perroquet à Saint-Domingue. Après onze ans d'absence, l'oiseau, transporté par sa maîtresse à Paris, reconnut parfaitement le jeune homme, occupé pour lors à faire des armes. S'imaginant qu'on en voulait à la vie de son maître, le perroquet se jeta sur celui qui lui enseignait l'escrime, et lui mordit le nez de manière à le faire crier. Il vola ensuite sur l'épaule de l'Américain, lui fit toutes sortes de caresses, et le nomma plus de vingt fois de suite par son ancien nom d'enfant, en répétant d'un air satisfait : « Bonjour, Coco! Bonjour, mon petit Coco! »

Le Perroquet de Léon.

Basile, empereur d'Orient, avait fait jeter son fils Léon dans une prison d'État, à la persuasion d'un certain Sannabarin qui l'accusait d'avoir conspiré contre la vie de son père : il avait défendu sévèrement qu'on prononçât son nom devant lui. Les amis du jeune prince, qui craignaient la colère de l'Empereur et la vengeance de Sannabarin, n'osaient élever la voix pour justifier Léon. Ils eurent recours à un perroquet qu'ils instruisirent à répéter : *Pauvre Léon!* et le placèrent dans la chambre de l'Empereur, un jour qu'il donnait un grand repas. Aux premières caresses que le prince fit à l'oiseau, celui-ci ne manqua pas de dire comme en soupirant : *Pauvre Léon!* L'Empereur fut surpris et touché en même tems; les amis du jeune prince profitèrent de la circonstance pour le justifier entièrement. Basile, malgré sa sévérité, avait conservé des sentimens paternels pour son fils; il ordonna de l'aller tirer de prison, et il lui rendit ses bonnes grâces.

Le Perroquet de Mademoiselle de Buffon.

La sœur de M. de Buffon avait un perroquet qui aimait avec fureur la fille de cuisine; il la suivait partout, la cherchait dans les lieux où elle pouvait être, et presque jamais en vain. S'il y avait quelque tems qu'il ne l'eût vue, il grimpait avec le bec et les pattes jusque sur ses épaules, lui faisait mille caresses et ne la quittait plus, quelque effort qu'elle fît pour s'en débarrasser : si elle parvenait à s'éloigner de lui, l'instant d'après elle le retrouvait sur ses pas; son attachement avait toutes les marques de l'amitié la plus sentie. Cette fille eut au doigt un mal considérable, et qui était douloureux à lui arracher des cris ; tout le tems qu'elle se plaignit, le perroquet ne sortit point de sa chambre; il avait l'air de la plaindre en se plaignant lui-même, mais aussi douloureusement que s'il avait souffert en effet. Chaque jour, sa première démarche était de lui aller rendre visite; son tendre intérêt se soutint pour elle tant que dura son mal; et dès qu'elle en fut quitte, il devint tranquille et conserva la même affection, qui n'a jamais changé.

Le Perroquet du Roi d'Angleterre.

Scaliger rapporte qu'Henri VIII, roi d'Angleterre, avait un perroquet blanc, qui parlait à merveille. Un jour il prit fantaisie à l'animal d'aller visiter les jardins; le bruit qu'il entendait de l'autre côté de la rivière l'attira sur le bord d'une terrasse d'où il tomba dans l'eau. Heureusement pour lui il ne perdit pas la tête, et se mit à prononcer de toute sa force : *Vite un bateau, vite un bateau, pour vingt livres sterling!* Un batelier qui passait du monde, accourt à la voix, sauve le perroquet, et le rend au roi, à qui il savait qu'il appartenait, dans l'espérance d'avoir les vingt livres sterling promises. Le roi trouvant la somme un peu forte, questionna le perroquet pour savoir si effectivement il s'était engagé à la faire payer. L'animal, prenant alors l'air d'importance d'un homme de cour, qui promet beaucoup et s'inquiète peu de tenir sa parole, répondit : *Que l'on donne quatre sous à ce maraud!*

Le Phoque aimant.

Thomas Smith rapporte qu'un fermier d'Aberdowr étant allé, il y a quelques années, pêcher en mer autour de quelques rochers, aperçut un jeune phoque d'environ deux pieds et demi de long, qu'il apporta à sa maison. L'animal dévora le potage et le lait qu'il lui présenta, et continua à être nourri de cette manière pendant trois jours, au bout desquels la femme du fermier, regardant cet animal comme une occasion de dépense inutile pour la maison, ne voulut plus le garder. Le fermier, s'étant fait aider de sa femme et de plusieurs autres personnes, le jeta à la mer; mais, malgré tous leurs efforts, il revint auprès d'eux. Il fut alors convenu que le plus grand de ces hommes marcherait dans l'eau le plus avant qu'il pourrait le faire, et que, lorsqu'il aurait jeté l'animal dans la mer, ils se cacheraient tous derrière un rocher, à une certaine distance de l'eau. Cela fut fait comme on l'avait projeté; mais le phoque, dont rien n'égalait l'affection pour ses hôtes, sortit de l'eau et découvrit bientôt l'endroit où ils s'étaient retirés. Cette marque singulière d'attachement détermina le fermier à lui accorder sa protection, et il le ramena de nouveau dans son domicile. Mais telle est la versatilité du caractère de l'homme et sa sordide avarice, que, las enfin de nourrir cet animal si aimant, il le tua pour en avoir la peau.

La Pie de Rome.

Plutarque raconte qu'un barbier de Rome avait une pie qui possédait le talent de l'imitation à un degré surprenant. Quelques trompettes s'étant fait entendre un jour devant la boutique, la pie les écouta attentivement, et demeura muette et pensive pendant deux jours. Tout le monde en fut surpris, et on imagina que le son des trompettes avait altéré son organe au point de la priver de la voix; mais le troisième jour on reconnut que son silence avait été causé par le soin qu'elle avait mis à étudier ce qu'elle avait entendu ; car elle imita parfaitement le son des trompettes et l'air qu'elles avaient exécuté.

La Messe de la Pie.

On célébrait tous les ans, dans l'église de Saint-Jean-en-Grève, une messe qu'on nommait la *Messe de la Pie*. Voici la cause de sa fondation. On sait que la pie a une forte inclination à dérober ce qu'elle rencontre et à le cacher. Un de ces oiseaux déroba donc, à plusieurs reprises, des couverts d'argent, et les cacha. Le bourgeois accusa sa servante, porta sa plainte et la livra à la Justice. Il existait alors une coutume barbare, que le sensible et infortuné Louis XVI s'empressa d'abolir en montant sur le trône; je veux parler de la *question:* on torturait un accusé pour lui faire avouer son crime; et trop souvent la force des tourmens arrachait un aveu mensonger de la bouche d'un innocent. C'est ce qui arriva cette fois, et la malheureuse servante fut condamnée à mort. Les cuillers et fourchettes se retrouvèrent six mois après sur un vieux toit derrière un amas de tuiles, où la pie les avait cachées, et où elle en portait encore d'autres. Le bourgeois, désespéré, fonda à Saint-Jean-en-Grève une messe annuelle pour le repos de l'âme innocente. L'âme des juges, dit *Mercier*, dans son *Tableau de Paris*, l'âme des juges en avait un plus grand besoin.

Pie mathématicienne.

On a remarqué que les pies, se rappelant leurs observations par le nombre de leurs doigts, comptent très bien jusqu'à quatre, et n'embrouillent leurs idées d'arithmétique qu'au-dessus de ce nombre, comme l'a vérifié M. Le Roi, lieutenant des chasses de Versailles. Voici ce qu'il en rapporte dans un ouvrage qu'il a publié sous le nom du *Philosophe de Nuremberg*.

Pour savoir jusqu'où s'étendait le calcul arithmétique d'une pie, il établit une cabane au pied d'un arbre où il y avait un nid de ces oiseaux, et y fit entrer un chasseur. A son arrivée, la pie quitte l'arbre, et n'y revient pas que cet homme ne soit sorti. On y envoie deux chasseurs : la pie les compte à leur entrée et à leur sortie, et ne se hasarde au retour qu'après leur départ. Elle en fait autant de trois, puis de quatre chasseurs; mais lorsqu'il y en a cinq, la force de sa tête, pour additionner et soustraire, est épuisée. Elle reste éloignée jusqu'à la sortie du quatrième chasseur, et n'ayant pas l'idée nette du nombre cinq, n'ayant pu le noter sur les doigts de sa patte, elle rentre chez elle sans attendre que le cinquième chasseur soit sorti.

Tel est l'état de cette science chez les pies ordinaires. Il ne serait pas impossible cependant, ajoute notre observateur, qu'une pie d'élite, douée d'une attention plus profonde et d'une pensée plus constante, parvînt à compter sur ses deux pattes jusqu'à huit; qu'elle se fît ainsi une arithmétique octogésimale, comme nous nous en sommes fait une décimale; qu'elle l'apprît à son mâle et à ses enfans.

Aujourd'hui surtout que la science des

calculs fait la base principale de l'éducation, il serait curieux de voir les pies devenir des mathématiciennes....... N'en déplaise à M. Le Roi, cela serait un vrai miracle.

La Pie de la Varenne.

Fouquet de la Varenne, qui d'abord avait été garçon de cuisine chez Catherine, duchesse de Bar, sœur d'Henri IV, se fit connaître de ce prince, qui, remarquant en lui la plus grande intelligence, le chargea d'abord de quelques négociations galantes, et ensuite de messages plus importans qui firent sa fortune. Ce qui faisait dire à la Duchesse : « La Varenne a plus gagné à porter les poulets de mon frère, qu'à piquer les miens. »

Cet homme s'amusait souvent à tirer au vol. Un jour il aperçut, sur un arbre, une pie qu'il voulait faire partir pour la tirer, lorsque la pie se mit à crier *Bonneau*. Croyant que c'était le diable qui lui reprochait son ancien métier, il tomba en faiblesse, la fièvre le saisit, et il mourut au bout de trois jours. La pie cause de sa mort était un oiseau domestique, échappé de chez quelque voisin où elle avait appris ce mot.

Les Pigeons de Latude.

Henri Masers de Latude, détenu pendant trente-cinq ans dans diverses prisons d'État, rapporte dans ses *Mémoires* comment il parvint à adoucir ses peines, en apprivoisant divers animaux.

Il venait assez souvent, dit-il, des pigeons se poser sur ma fenêtre : je conçus le projet d'en apprivoiser quelques-uns. Je fis, avec quelques fils que je tirais de mes chemises et de mes draps, un petit filet que je tendis au-dehors de ma fenêtre, et avec lequel je pris un superbe mâle : j'eus bientôt alors la femelle, qui paraissait demander elle-même à venir partager ses fers. Je mis tous mes soins à les consoler de leur captivité; je les aidais à faire leur nid, à réchauffer, à nourrir leurs petits : mes soins et ma tendresse égalaient la leur. Ils parurent y être sensibles, et cherchèrent à m'en payer par des témoignages de leur affection. Lorsque cette touchante réciprocité de sentimens fut établie entre nous, je ne m'occupai plus que d'eux. Comme j'épiais leurs actions ! comme je jouissais de leurs amours! Je m'égarais auprès d'eux, et mon imagination rêvait quelquefois leurs plaisirs !

Tous les officiers de la Bastille, surpris de mon adresse, vinrent examiner ce spectacle : je me plaisais à les étonner, en leur parlant des jouissances que j'éprouvais ; peu faits pour les sentir, ils ne pouvaient pas les concevoir. Un jour l'un d'eux m'annonça qu'il venait obéir au gouverneur, qui avait donné l'ordre de tuer mes pigeons : mon désespoir, à ce mot, fut horrible; il troubla totalement ma raison : j'aurais donné ma vie pour assouvir sur ce monstre ma trop légitime vengeance : je le vis faire un mouvement pour se jeter sur ces innocentes victimes de mon infortune; je m'élançai pour le prévenir ; je les pris, et, dans mon transport, je les écrasai moi-même.

Ce moment fut peut-être le plus affreux de ma vie ; je ne m'en suis jamais rappelé le souvenir qu'avec déchirement. Je fus alors, pendant plusieurs jours, sans vouloir prendre de nourriture ; la douleur, l'indignation se disputaient mon âme : j'avais les hommes en horreur.

Si Latude avait été gardé par des Turcs, il eût conservé les animaux qui le consolaient dans sa captivité. Il y a dans le territoire de la Mecque une infinité de pigeons ; car comme on s'imagine qu'ils descendent de celui qui s'approchait de l'oreille de Mahomet, on croirait faire un grand crime, non seulement si on les tuait, mais même si on les prenait, ou si on les faisait fuir.

Pigeons messagers.

On a vu que des pigeons servaient de messagers à Décimus Brutus, lorsque Marc-Antoine le tenait bloqué dans Modène. Deux beaux messagers semblables viennent de faire gagner cinquante napoléons à un habitant de Cologne. Ses affaires l'appelant à Paris, il paria que trois heures après son arrivée dans la capitale, on aurait de ses nouvelles à Cologne. Il y a près de cent lieues de distance; on crut parier contre lui à coup sûr. Il avait emmené avec lui deux pigeons pris sur le nid où ils avaient des petits. Arrivé à Paris le 17 septembre à dix heures du matin, il lâcha ses deux courriers à onze heures précises. Ils arrivèrent à Cologne, l'un à une heure cinq minutes, l'autre à une heure quatorze minutes. Ils portaient leurs dépêches écrites sur une faveur attachée sous leurs ailes.

Le Pigeon amateur de musique.

M. John Lockman, dans quelques réflexions sur les opéras, placées à la tête de son opéra dramatique de *Rosalinda*, raconte l'anecdote suivante de l'effet que produisait la musique sur un pigeon. Étant dans la maison de M. Lee, gentilhomme, dont la fille jouait très bien de la harpe, il remarqua un pigeon qui, chaque fois que cette jeune personne jouait et chantait l'ariette *Speri si*, dans l'opéra d'Admète de Handel, descendait d'un colombier voisin (seulement pour cette ariette), se posait sur la fenêtre de la chambre où elle jouait, et paraissait l'écouter avec émotion. Aussitôt qu'elle avait fini, il retournait à son colombier.

Le petit Poisson rouge.

« L'été dernier, j'achetai pour mon épouse deux jolis petits poissons rouges, qu'elle plaça dans un bocal en forme de globe sur sa cheminée. Elle leur donnait à manger, les changeait d'eau elle-même, et leur parlait comme à des oiseaux en cage; enfin elle en prit le plus grand soin, et chercha à les rendre familiers.

L'un des deux avait sur une partie de ses écailles un reflet argenté qui lui fit donner le nom d'*Argentin*; il était extrêmement vif dans ses mouvemens, et âpre à la curée; il entendait fort bien son nom, et venait à la surface de l'eau aussitôt que sa maîtresse l'appelait ou lui donnait à manger. Lui présentait-elle son doigt à travers le bocal, il s'en approchait et en suivait tous les mouvemens, en témoignant beaucoup de gaîté et d'agilité. On le voyait souvent agacer son compagnon en tournant autour de lui; on eût dit qu'il cherchait à l'égayer; mais ce petit poisson, qui était aussi très actif les premiers jours de son arrivée à la maison, perdit insensiblement sa vivacité. Peut-être, en le choisissant dans le grand vase chez le marchand, l'avais-je séparé de quelque camarade auquel il était attaché; car, d'après ce qui est arrivé à mes deux poissons, je présume que ces petites bêtes sont susceptibles d'attachement.

Soit chagrin, soit maladie, mon petit poisson devint de plus en plus languissant; il mourut peu de tems après. *Argentin* réunit alors sur lui seul toutes les affections de sa maîtresse; elle s'en occupa davantage, par la raison qu'elle pensa qu'étant accoutumé à avoir un camarade, il pourrait s'ennuyer se trouvant seul. *Argentin* conserva toute sa vivacité, et continua de se porter à merveille.

Sa maîtresse ayant été absente pendant

deux jours, à son retour elle le trouva étendu sur le sable, et sans mouvement. D'où cela pouvait-il provenir ? Elle l'avait changé d'eau en partant, et, pour sa santé même, elle ne lui donnait à manger que tous les trois ou quatre jours : le besoin ne pouvait donc pas être la cause de cet accident. Heureusement je m'aperçus que ce petit poisson n'était pas mort. Aussitôt sa maîtresse le mit dans de l'eau fraîche, renouvela celle du bocal, parla à son petit *Argentin*, et eut la satisfaction de le voir peu à peu sortir comme d'une profonde léthargie : au bout d'une heure, il avait recouvré toute son activité, et ne paraissait plus avoir souffert.

C'était donc l'absence de celle qu'il voyait journellement qui l'avait conduit à cet état voisin de la mort, puisqu'aussitôt qu'elle reparut, il recouvra toutes ses facultés. Je suis vraiment tenté de croire que ce petit poisson avait du sentiment; car tant qu'il continua de voir sa maîtresse, il se porta bien. Ce fut pendant une seconde absence de trois jours que nous fîmes à la campagne, que nous le perdîmes. A notre retour, nous le trouvâmes étendu sur le sable, comme à l'époque précédente; mais cette fois tous nos soins furent inutiles; il était trop tard pour le rappeler à l'existence, et je ne doute pas qu'il ne soit mort de chagrin. »

Le Pivert de Tubéron.

Un pivert s'étant perché sur la tête d'Ælius Tubéron, lorsque ce préteur romain rendait justice dans son tribunal, les Aruspices furent interrogés sur cette aventure : ils assurèrent que s'il conservait la vie à cet oiseau, le sort de sa famille serait très heureux, et celui de la république très misérable; mais que s'il le tuait, le malheur retomberait sur lui et que le sort de l'empire serait prospère. Ælius prit sur-le-champ le pivert et lui donna la mort en présence du sénat. Ce préteur perdit à la bataille de Cannes dix-sept personnes de sa famile, tous vaillans hommes; et la république, par succession de tems, parvint au comble de sa grandeur. Le peuple Romain, plein de confiance dans les présages, attribua à l'action d'Ælius la prospérité de l'empire, et il eut pour ce préteur la plus haute estime.

Le Poisson de Polycrate.

Polycrate, tyran de Samos, était un prince dont aucune adversité n'avait encore troublé le bonheur. Amasis, roi d'Égypte, son ami et son allié, crut devoir lui écrire à ce sujet. « Votre bonheur m'effraie, lui dit-il; je crains que la divinité maligne, qui voit d'un œil jaloux la fortune des hommes, ne renverse la vôtre tôt ou tard. Pour éviter ses coups mortels, je vous conseille de vous procurer quelque malheur en faisant volontairement le sacrifice d'une chose à laquelle vous soyez fort attaché. » Polycrate crut Amasis. Il avait à son anneau une émeraude dont il faisait un cas infini. En se promenant sur un vaisseau avec ses courtisans, il jeta son anneau dans la mer. Quelques jours après, des pêcheurs ayant pris un poisson d'une grosseur extraordinaire, lui en firent présent. Quand on l'eut ouvert, on y trouva l'anneau du roi.

Le Polype de Lucullus.

Lucius Lucullus, proconsul de la Bétique, fit sur les polypes de mer des découvertes qui ont été consignées dans des *Mémoires* publiés par Trébius Niger, un de ceux qui l'accompagnaient. On trouve dans ces Mémoires ce récit qui semble tenir du prodige. A Carteia, un polype avait coutume de sortir de la mer, et d'entrer dans les réservoirs pour y dévorer les poissons qu'on y conservait; il renouvelait ses larcins avec une telle assiduité, que les gardes du magasin s'en indignèrent. Cependant on avait mis des cloisons d'une hauteur extraordinaire; mais ce polype passait par dessus, au moyen d'un arbre sur lequel il grimpait; on ne put le découvrir que par la sagacité des chiens. Ceux-ci le surprirent une nuit, comme il s'en retournait à la mer; les gardes étant accourus, furent extrêmement étonnés de la nouveauté du spectacle. Premièrement, l'animal était d'une grandeur monstrueuse; en second lieu, il était de couleur de saumure; de plus, il répandait une odeur abominable. Qui s'attendait à trouver là un polype? ou qui l'eût reconnu dans ces circonstances? Il écartait les chiens par sa redoutable baleine. Tantôt il les flagellait de l'extrémité de ses pieds; tantôt il employait contre eux ses deux bras majeurs, qui étaient si forts, que leurs coups ressemblaient à des coups de massue. Enfin, on eut bien de la peine à le tuer avec plusieurs tridens. Sa tête fut montrée à Lucullus. Elle était de la grosseur d'un tonneau; on lui montra aussi ses barbes, comme les appelle Trébius; c'est-à-dire, ses bras et ses pieds ou *filets*. Leur grosseur était telle, qu'un homme pouvait à peine les embrasser; elles étaient noueuses comme des massues, et leur longueur était de trente pieds. On garda, comme une chose merveilleuse, ce qui restait de son corps; et cela pesait sept cents livres.

Le Polype de Machon.

Athénée rapporte que Machon, poète

comique, ayant acheté un polype d'eau douce long de deux coudées, le mangea tout entier, à l'exception de la tête ; il en eut une si violente indigestion, que les médecins appelés pour le guérir lui conseillèrent de faire son testament, n'ayant plus guère à vivre. « Puisqu'il faut absolument partir, dit Machon, faites apporter, je vous prie, la tête du poisson; il est inutile que je me prive de la manger. »

Poux du Trésor du Roi Montezume.

On raconte que, chez les Indiens, les hommes qui habitent cette partie que l'on nomme *Guzarate*, exercent envers le pou, non seulement l'hospitalité la plus cordiale, mais qu'ils lui rendent même des honneurs. Ils font venir du fond de leur désert un prêtre, qui en prend un avec vénération, le met sur sa tête, et fait ensuite tout ce qu'inspire la plus tendre sollicitude pour opérer la multiplication.

L'auteur d'un Voyage dans la Sicile, en cinq volumes *in-folio*, nous apprend qu'il est assez commun d'y voir, à la porte des palais, des voyageurs espagnols des deux sexes, et de la plus grande condition, qui, assis sur un banc, exposés au soleil du midi, se cherchent réciproquement leurs poux, et prennent beaucoup de plaisir à cette chasse.

Les poux étaient autrefois si nombreux dans le Mexique, que les rois n'avaient pu trouver d'autre moyen d'en soulager leurs sujets, qu'en les obligeant à fournir, comme un tribut annuel, une certaine quantité de ces insectes. Fernand Cortez trouva dans le palais du roi Montezume quantité de sacs qui en étaient remplis.

Quoique les poux soient une si vilaine vermine, il se trouve néanmoins des gens qui en sont friands, et qui les croquent à belles dents. Le docteur Gabriel Clauderus cite un homme qui mangeait avec avidité des poux vivans récemment pris. Un des plaisirs des Nègres de la côte occidentale, est de se faire chercher leurs poux par leurs femmes, qui ont grand soin de les manger à mesure qu'elles en trouvent. Les Tartares et les Hottentots les croquent aussi avec délice. Les Tongouses en sont friands. Les rois de Sabo sont chargés de vermine; les femmes qui accompagnaient celui que vit le voyageur Philipps, nettoyaient souvent sa tête en public, et elles prenaient plaisir à manger ses poux.

Linnæus dit qu'il n'a point trouvé de plus gros poux que dans les cavernes chaudes de la mine de Fahlun, ville de Suède dans la province de Dalécarlie.

Oviédo a observé qu'à un certain point de latitude, les poux quittent les Espagnols qui vont aux Indes, et les reprennent à leur retour dans la même latitude.

Le savant Swammerdam est de tous les auteurs celui qui a écrit avec le plus d'érudition sur ces insectes vermineux; et M. Mercier de Compiègne a consacré un volume à leur éloge.

L'histoire fait mention de nombre d'hommes frappés de la maladie pédiculaire; c'est-à-dire, qui furent dévorés tout vivans par ces insectes. Qu'on ne croie pas que le pou ne s'attache qu'à des têtes vulgaires; c'est cette dégoutante vermine qui donna la mort au dictateur Sylla. Cet homme cruel mourut d'une irruption de poux qui s'engendraient dans son corps, et qui en sortaient et renaissaient en foule. On peut consulter ce détail, également révoltant et curieux, dans Plutarque, Vie de Sylla. Cet auteur observe que le poète Alcman, l'un des plus célèbres génies de la Grèce, et Phérécyde étaient morts de cette même maladie, aussi bien qu'Hérode, Antiochus Épiphane, Cassandre, Callisthène l'Olyntien, et Mutius, esclave célèbre, auteur de la révolte et de la guerre de Sicile. Parmi les modernes, Philippe II, roi d'Espagne, et plusieurs autres personnages célèbres, sont morts de l'irruption de ces insectes, bien faits pour rabattre la vanité de l'homme.

Le Pou électeur.

Louis XIII ayant pris un pou sur l'habit du maréchal de Bassompierre, le voulait montrer à tout le monde. « N'en faites rien, Sire, lui dit le maréchal, chacun dirait qu'on ne gagne que des poux à votre service. »

Voici un singulier moyen d'élection qu'emploient des magistrats allemands pour choisir leurs chefs. Les échevins d'Hardenbergen, en Westphalie, s'assemblent autour d'une table ronde, et chaque échevin se place de manière que l'extrémité de sa barbe touche le dessus de la table, au milieu de laquelle on met un pou, que l'on charge de faire le choix du nouveau chef. Ce petit électeur, après avoir erré quelque tems, ne manque point de s'arrêter à une des barbes, et cette barbe dans le moment même devient barbe de consul.

Le Poulet de Livie.

Les poules sont originaires du pays des Gates, peuple situé entre le Malabar et le Coromandel. Les Syriens adoraient les poules, à cause de leur utile fécondité, et de l'excellence de leurs œufs. Quelques sectes furent assez superstitieuses pour regarder comme coupable celui qui mangeait un œuf à la coque. Orphée, Pythagore et leurs disciples s'en abstenaient, pour ne pas détruire un germe que la nature avait destiné à la reproduction. Les habitans de Délos furent les premiers qui engraissèrent des poules.

Livie, femme de Tibère Claude Néron, étant enceinte de l'enfant qui fut Empereur sous le nom de Tibère, souhaitait extrêmement que l'enfant qu'elle mettrait au monde fût un fils. Pour connaître si son désir s'accomplirait, elle consulta une devineresse, qui lui dit : « Échauffez dans votre sein un œuf nouvellement pondu, jusqu'à ce qu'il éclose; s'il en sort un poulet mâle, remerciez les dieux, ils vous accorderont un fils. » Elle suivit le conseil de la devineresse. Il sortit, dit Suétone, de cet œuf un poulet mâle, et superbement crêté; ce qui fit augurer au mathématicien Scribonius que l'enfant dont accoucherait Livie parviendrait à la puissance souveraine, ce que l'événement justifia par la suite. Cette anecdote circula dans Rome; et toutes les femmes grosses, à l'imitation de Livie, se métamorphosèrent en poules, et se mirent à couver des œufs.

Suétone, dans la *Vie des douze Césars*, rapporte cet autre trait. Peu après les noces d'Auguste, lorsque Livie allait voir sa maison de plaisance au territoire de Véïes, un aigle laissa tomber près d'elle une poule blanche qui tenait un petit rameau de laurier dans son bec. Livie fit porter cette poule dans sa maison, et en prit un soin particulier. Il en provint une quantité si prodigieuse de poulets, que la maison en conserva un nom qui équivalait à-peu-près à la *Maison des poules*. On planta le petit rameau; il produisit de si beaux lauriers, qu'on en cueillait des branches pour les couronnes des Césars à leurs triomphes. Il fut remarqué qu'au décès de chaque César, le laurier dont il avait été couronné, devenait sec et aride ; à la dernière année du règne de Néron, tout le laurier sécha jusques aux racines, et toutes les poules de la maison de Livie moururent.

Les Poules obligeantes.

Dans la Californie, on voit une sorte de poule d'eau qui porte avec elle un caractère de singularité remarquable : elle est de la grosseur d'une oie, a le bec long d'un pied, les pattes comme la cigogne, et un jabot fort gros, dans lequel elle met les provisions qu'elle réserve à ses petits. L'attachement que ces oiseaux ont les uns pour les autres a quelque chose d'étonnant : ils se secourent entr'eux comme s'ils avaient l'usage de raison. Qu'un d'eux soit malade, faible, impotent, hors d'état de chercher sa nourriture, les autres ont soin de lui en fournir. Dans l'île Saint-Roch, on trouve, en différens endroits, un de ces animaux attaché à une corde avec une aile cassée, et autour de lui des poissons que ses camarades lui apportent. C'est un stratagême dont les Californiens se servent pour avoir du poisson : ils se tiennent cachés de peur d'épouvanter les pourvoyeurs, et s'emparent des provisions lorsqu'ils en voient une quantité suffisante.

On lit, dans les Œuvres de Lamothe le Vayer, qu'on voit des poules qui ont les plumes toutes renversées et tournées vers la tête : il ne dit point dans quel pays ; mais il ajoute que les poules du royaume de Mangy, qui sont blanches, portent de la laine au lieu de plume.

Poule éprise d'un dogue.

M. Guer, dans son *Histoire critique de l'âme des bêtes*, raconte une histoire d'un chien de basse-cour et d'une poule, qui avaient lié ensemble une étroite amitié. Soit sympathie, soit que l'un et l'autre se sentissent faits pour aimer, et que le hasard ou la nécessité eussent fixé leur choix, la plus tendre union régnait entre ces deux animaux. Notre auteur fut témoin de ce fait à Belleville, dans la maison de campagne de M. de Segonsac, procureur-général de la Cour des Monnaies. Je ne sais comment ce dogue, destructeur impitoyable de tous les habitans ailés de la basse-cour, qu'il effrayait par la grosseur énorme de sa corpulence, comment, dis-je, il s'y prit pour faire connaître à la timide poulette la tendresse qu'il ressentait pour elle. Celle-ci sans doute eut besoin de se bien connaître en sentimens, pour s'abandonner à la discrétion d'un ami si redoutable: c'était fait d'elle s'il se fût trouvé la moindre dissimulation, le plus petit équivoque dans les assurances de sa protection. Les signes extérieurs sont souvent si trompeurs! La prudente poulette l'écouta sans doute long-tems avant de le croire sincère; elle éprouva peu-à-peu sa franchise, et ne se livra qu'après être bien certaine que sa vie était en sûreté : quoi qu'il en soit, ces deux amis, d'une force si peu proportionnée, vécurent long-tems en bonne intelligence.

Quand le soleil, en se couchant, avertissait ses compagnes qu'il était tems de se retirer, cette poulette privilégiée dédaignant leur huche obscure, venait d'un pas grave se nicher dans un coin de la loge de son ami le dogue, qui, sensible à sa confiance, avait une attention extrême de ne la pas blesser en se levant, en se couchant, ou en s'agitant à l'arrivée de quelque étranger dans la cour; car son inclination ne lui faisait point oublier son devoir ; et dût la poulette voir son sommeil interrompu, au moindre bruit, il faisait un tapage effroyable. Ce n'était pas seulement la nuit que ce couple fidèle vivait ensemble côte à côte : il est dans la journée bien des momens où la paix, qui règne dans une maison, laisse au gardien de la porte le tems de se reposer tranquillement dans sa loge. Habile à profiter de ces précieux instans, la poulette, lasse elle-même de becqueter et de courir, rejoignait alors son compagnon de nuit et partageait son repos; on la vit souvent lui donner des marques de sa confiance en se perchant sur sa tête, ou en dérangeant, ne pouvant dormir, la paille sur laquelle reposait la gueule bruyante qui tant de fois importunait les nouveaux venus. Lorsqu'une de ses compagnes s'approchait de trop près de la redoutable loge, elle était aussitôt happée et déchirée à belles dents. Notre poule devait-elle être bien tranquille pendant cette catastrophe? L'amour pour celles de son espèce la portait quelquefois à fuir le théâtre sanglant de cette aventure; et comme si elle avait eu honte de son penchant, elle s'éloignait de son ami; mais bientôt le souvenir de ses égards pour elle la ramenait au gîte, où elle prenait sa part de tout ce que l'on donnait au dogue pour le nourrir. Cette singulière amitié dura jusqu'à ce qu'un jour il prit fantaisie au cuisinier de fortifier son potage avec la substance de la poule, qu'il mit à mort impitoyablement. Horace! c'est ici que tu te serais écrié : O cœur triplé d'airain!

Les poules rappelleront toujours le vœu d'un de nos plus grands rois. On n'oubliera jamais que Henri IV, qui avait pour ses sujets l'amour d'un père pour ses enfans, voulait que le plus pauvre pût tous les dimanches mettre une poule dans son pot.

Puces apprivoisées.

Paul Colomies dit qu'il a vu un orfèvre, à Moulins, qui avait enchaîné une puce avec une chaîne d'or de cinquante chaînons, qui ne pesait pas trois grains.

Madame de Sévigné fait aussi mention dans une de ses lettres, qu'il y avait à Paris un homme qui faisait voir, comme une chose merveilleuse, un charriot traîné par des puces.

De semblables merveilles se voyaient, sous le gouvernement impérial, au Jardin des Capucines, dans un cabinet rempli de choses curieuses.

En 1834, pendant le tems de l'exposition des produits de l'industrie nationale, on voyait, sur la place Louis XV, le spectacle inimaginable, incompréhensible des *Puces travailleuses*. Nous ne saurions mieux donner une idée de leur industrie qu'en copiant littéralement le prospectus qui l'énumérait en ces termes : « Elles dansent une walse, habillées en dames et cavaliers, tandis que 14 musiciens, lesquels sont puces et placées à l'orchestre, s'exercent sur de petits instrumens proportionnés à leur petitesse. D'autres jouent au piquet; se battent en duel avec des épées en acier; tirent un seau d'eau d'un puits; traînent des voitures. Le duc de Wellington, le dey d'Alger, Don Miguel, sont à cheval sur des puces harnachées et la selle au dos. De plus on voit un jeu de bagues dont l'action est totalement exécutée par des puces.

Mais voici qui est bien plus fort. Le siége d'Anvers y était simulé par des puces revêtues du costume militaire; deux d'entr'elles représentaient le général français et le général hollandais en grand uniforme et portant les marques distinctives de leurs grades. Ces deux généraux se battaient à l'arme blanche, tandis qu'une autre puce en uniforme de canonnier, tirait de tems à autre un coup de canon dont la détonation était parfaitement entendue dans toute la salle. Sur le champ de bataille, on voyait manœuvrer de droite et de gauche des bataillons de puces armées de fusils et en uniforme complet, absolument comme des troupes qui cherchent à occuper les positions les plus avantageuses.

Le Signor Cucchiani, propriétaire et instituteur de ces puces incomparables, a eu l'honneur de les faire manœuvrer devant le roi des Français, en présence du roi des Belges et de tous les princes et princesses de la famille royale.

Socrate a supputé combien de pieds une puce saute. L'homme en saute sept ou huit, la puce en saute six cents et plus, pieds de puce bien entendu; mais le pied de la puce est en raison de son corps, autant que celui de l'homme est en raison du sien. Toute proportion gardée, dame puce est meilleure sauteuse que l'homme le plus habile en ce genre. Comment faire pour calculer des pieds de puce? Voici comme notre philosophe s'y prit : il fit fondre de la cire, mit dedans le pied de la puce, comme pour lui en faire un soulier, et le retira de cette chaussure, qui était des plus justes sans contredit. Il mit ensuite la puce sur son front, d'où elle sauta sur la lèvre de Chœrephon, qui était là présent; il ne lui fut pas difficile de mesurer, par le moyen du petit soulier de cire, l'espace qu'il y avait entre son front et la lèvre de Chœrephon. C'est le célèbre Cœlius Calcagninus, de Ferrare, qui a pris soin de transmettre à la postérité ce travail curieux de Socrate.

Les Rats de la Bastille.

M. de Latude, dont il a déjà été question, en venant habiter la chambre où il eut tant de chagrin pour ses pigeons, sortait d'un cachot où il était parvenu à apprivoiser des rats. « Long-tems j'avais compté, dit-il, dans le nombre de mes maux physiques, le tourment d'être inquiété sans cesse par une foule de rats, qui venaient chercher un asile et de la pâture sur ma paille. Quelquefois, lorsque je dormais, ils couraient sur mon visage; et plusieurs fois ils me causèrent, en me mordant, les douleurs les plus aiguës. Hors d'état de me délivrer de leur présence, et forcé de vivre avec eux, je conçus le projet de m'en faire des amis. Bientôt ils daignèrent m'admettre parmi eux, et je leur ai dû quelques distractions pendant les longues années de mon infortune. Je vais apprendre comment s'établit et se forma cette intéressante société.

Les cachots de la Bastille sont octogones; à celui où j'étais alors, il y avait une meurtrière à deux pieds et demi au-dessus du plancher : l'entrée avait deux pieds de longueur sur dix-huit pouces de largeur ; elle allait toujours en diminuant, de sorte qu'à la partie extérieure du cachot elle n'avait guère plus de trois pouces. C'est par là qu'entraient le peu de jour et d'air dont on me permettait de jouir; la pierre qui en faisait la base me servait aussi de siége et de table, quand, fatigué de rester sur une paille pourrie et infecte, je me traînais à cette meurtrière pour respirer un air nouveau : alors, pour alléger le poids de mes fers, je posais mes coudes et mes bras sur cette pierre horizontale. Étant dans cette attitude, un jour je vis paraître, à l'autre extrémité de la meurtrière, un gros rat; je l'appelai, il me regarda sans montrer aucune crainte; je lui jetai doucement un peu de pain, et j'eus soin de ne pas l'effrayer par un mouvement trop vif. Il vint, prit le morceau de pain, alla le manger un peu plus loin, et parut m'en demander un second; je le lui jetai, mais plus près ; un troisième encore davantage, et ainsi de plusieurs autres. Ce manége dura tant que j'eus du pain à lui donner ; car, après avoir satisfait son appétit, il mit dans un trou tous les petits morceaux qu'il ne mangea pas.

Le lendemain il revint, je fus aussi généreux; je joignis même un peu de viande, qu'il parut trouver meilleure que le pain; cette fois il mangea en ma présence, ce qu'il n'avait pas fait la veille; le troisième jour il s'était familiarisé assez avec moi, pour venir prendre entre mes doigts ce que je lui présentais.

J'ignore où était auparavant sa demeure, mais il parut vouloir en changer pour se rapprocher de moi; il aperçut de chacun des deux côtés de la meurtrière, un trou assez profond; il les examina tous deux, et fixa son domicile dans celui à droite, qui lui parut le plus commode. Le cinquième jour, pour la première fois, il vint y coucher. Le lendemain, il me rendit sa visite de très grand matin; je lui donnai à déjeûner : quand il eut bien mangé, il me quitta, et je ne le revis pas jusqu'au jour suivant, qu'il vint comme de coutume. Je m'aperçus, lorsqu'il sortit de son trou, qu'il n'y était pas seul; je vis une femelle qui ne montrait que sa tête, et qui semblait épier ce que nous faisions ensemble; j'eus beau l'appeler, lui jeter du pain, de la viande, elle paraissait beaucoup plus timide, et ne vint pas d'abord les chercher : cependant peu à peu elle se hasarda à sortir de son trou, et à prendre ce que je plaçais au milieu du chemin; quelquefois elle se disputait avec le mâle, et lorsqu'elle avait été plus adroite ou plus forte, elle fuyait dans sa retraite et emportait ce qu'elle avait attrapé; le premier, dans ce cas, venait se consoler près de moi; et, pour la punir, il mangeait ce que je lui avais donné, assez loin du trou pour qu'elle n'osât venir le lui disputer, mais en affectant toutefois de le lui montrer pour la braver : il s'asséyait alors sur son derrière, et tenait, comme les singes, avec les deux pattes de devant, le pain ou la viande qu'il grignotait avec un air de fierté. Un jour cependant, l'amour-propre de la femelle l'emportant sans doute sur sa retenue, elle s'élance et parvient à saisir, avec ses dents, le morceau que le mâle tenait toujours entre les siennes ; aucun des deux ne lâcha prise, et tous deux descendirent de cette manière dans leur trou, où la femelle, qui en était plus près, entraîna le mâle après elle.

Quel contraste faisait avec mes peines et mes souvenirs, ce spectacle touchant! On conçoit peu, au milieu du monde et de son agitation, qu'on puisse s'y arrêter et s'enivrer même d'un semblable plaisir : je me trompe; ceux qui savent quelquefois rentrer en eux-mêmes, et qui y trouvent une âme sensible, la concevront comme moi cette jouissance, et en apprécieront aussi les charmes. Mais laissons toutes les réflexions qui pourraient nous distraire, et hâtons-nous de rejoindre mes aimables et innocens compagnons.

Dès qu'on m'eut apporté à dîner, je les appelai ; le mâle accourut, et la femelle, comme à l'ordinaire, ne s'approcha que lentement et avec timidité; enfin cependant elle se décida à venir jusqu'à moi, et s'habitua bientôt alors à manger dans ma main. Quelque tems après, il s'en présenta un troisième : celui-ci fit moins de cérémonie ; dès sa seconde visite, il fut de la famille, et parut s'en trouver si bien, qu'il voulut que ses camarades partageassent mon amitié et mes faveurs ; le lendemain il vint accompagné de deux autres ; ceux-ci, dans le courant de la semaine, en amenèrent cinq : en sorte que, dans moins de quinze jours, notre société fut composée de dix gros rats et de moi. Je leur donnai à chacun un nom ; ils ne tardèrent pas à les retenir et à se reconnaître, lorsque je les appelais; ils venaient manger avec moi, dans le plat ou sur mon assiette ; mais je me trouvai assez mal de cette licence, et je fus forcé de leur mettre un couvert à part, pour éviter leur malpropreté.

Je les avais tellement apprivoisés, qu'ils se laissaient gratter sous le cou, et paraissaient y trouver du plaisir ; mais jamais ils ne voulaient se laisser toucher sur le dos. Quelquefois je m'amusais à les faire jouer et à jouer avec eux : tantôt je leur jetais un morceau très chaud ; les plus pressés couraient dessus, se brûlaient, criaient, le lâchaient, tandis que les moins gourmands, qui avaient attendu, le prenaient lorsqu'il était refroidi, et se sauvaient dans un coin où ils se le partageaient; tantôt je tenais suspendu de la viande ou du pain, pour les faire sauter après. Il y avait une femelle que j'avais appelée *Rapinohyrondelle;* je me plaisais extrêmement à l'habituer à ce genre d'exercice : elle était si sûre de sa supériorité sur les autres, qu'elle ne daignait pas se jeter sur ce que je leur présentais : elle se mettait dans la même posture qu'un chien qui tient une pièce de gibier en arrêt; elle laissait sauter celui qui courait après le morceau; et au moment où il l'avait atteint, elle s'élançait, et le lui prenait en l'air dans son museau. Malheur à lui, si elle ne réussissait pas; car alors elle ne manquait jamais de le saisir au cou et de le percer avec ses dents aussi aiguës que des aiguilles; la douleur le faisait crier, il lâchait sa proie, sur laquelle *Rapinohyrondelle* se jetait, et le pauvre diable n'avait pour lui que les blessures qu'elle lui avait faites.

En moins d'un an ma petite famille fut

composée de vingt-six rats. J'étais sûr qu'il n'y en avait pas d'étrangers; ceux qui cherchaient à s'y introduire étaient mal reçus. Il fallait nécessairement alors qu'ils se battissent avec les premiers qu'ils rencontraient. Ces combats étaient pour moi un spectacle amusant. Dès que les deux champions étaient en présence, ils paraissaient juger de leur force au premier coup-d'œil, avant même de s'essayer : alors le plus fort claquait des dents, et le plus faible se mettait à crier et reculait en arrière, sans tourner le dos, dans la crainte que son adversaire ne sautât dessus et ne le mordît. D'un autre côté, le plus fort n'attaque pas de front, parce qu'alors il s'exposerait à se faire crever les yeux. Le moyen qu'il emploie est ingénieux et plaisant : il met sa tête entre ses deux pattes de devant, et fait la culbute deux ou trois fois, jusqu'à ce que le milieu de son dos vienne frapper sur le museau de son ennemi; celui-ci alors cherche à fuir, l'autre choisit ce moment pour le saisir; il se cramponne dessus, et quelquefois ils se battent avec acharnement; si quelques autres rats se trouvent présens, ils demeurent spectateurs du combat; jamais ils ne se mettent deux contre un. »

On lit, dans les *Mélanges* de Vigneul Marville, qu'un capitaine, dans le régiment de Navarre, ayant parlé un peu trop librement à M. le marquis de Louvois, fut envoyé à la Bastille. Il pria le gouverneur de lui accorder la permission de faire venir son luth pour adoucir, par l'harmonie de cet instrument, l'ennui de sa prison. Cet officier fut bien étonné de voir, au bout de quatre jours, dans le tems qu'il jouait, des souris et des rats sortir de leurs trous, qui vinrent former un cercle à l'entour de lui pour l'entendre, ce qui le surprit si fort la première fois, qu'il en resta sans mouvement; de sorte qu'ayant cessé de jouer, l'assemblée se retira, et le musicien demeura seul. Le lendemain, ayant recommencé le concert, l'assemblée se trouva beaucoup plus nombreuse que la première fois, comme si ceux qui y avaient assisté en eussent amené d'autres de leur connaissance; de sorte que par la suite il se trouva autour de lui une centaine d'auditeurs.

Rats blancs de la Virginie.

Les peuples de Bassora et de Cambaye eurent de tout tems beaucoup de vénération pour les rats; ils se feraient encore aujourd'hui un cas de conscience de faire du mal à ces animaux.

Dans la Virginie il y a beaucoup de rats blancs, dont les naturels du pays faisaient autrefois un singulier usage. Ils choisissaient les plus beaux, qu'ils empaillaient, et, les remplissant d'odeurs, ils en pendaient un à chaque oreille, se trouvant aussi bien parés avec cela que nos dames avec les plus belles perles d'Orient.

On lit, dans les *Annales*, qu'au siége de Casilinum par Annibal, un rat fut vendu deux cents deniers (environ quatre-vingts francs de notre monnaie); que celui qui le vendit pour cette somme mourut de faim, et que celui qui l'acheta se conserva la vie.

Rats des Augures.

A Rome, les rats étaient regardés comme prophétiques, aussi bien que les corbeaux et les poulets sacrés ; l'on étudiait les signes favorables ou sinistres qu'ils pouvaient donner ; mais communément on les interprétait en mauvaise part. Le cri aigu d'un rat suffisait pour rompre et annuller les auspices, lorsque les augures tenaient leurs comices. Il n'en fallut pas davantage à Fabius Maximus, pour abdiquer la dictature, et à Caïus Flaminius, général de la cavalerie, pour se démettre de sa charge, comme si ces animaux leur en eussent donné l'ordre exprès de la part de Jupiter Stator, patron de la République. Quelque tems avant la guerre des Marses, les rats rongèrent des boucliers d'argent à Lanuvium, et l'on devina qu'ils voulaient par-là annoncer une guerre avec ces étrangers ; comme les insultes qu'ils firent à la chaussure du général Carbon, furent prises pour les avant-coureurs de sa mort. Le général Marcellus fut plus troublé, avant sa dernière campagne, de ce que les rats avaient porté leurs dents sacriléges sur l'or du temple de Jupiter, que de tous les autres signes funestes qui l'avaient inquiété.

Les Rats de Gyara.

Dans l'île de Gyara, l'une des Cyclades, les rats ont fait une expédition mémorable. Pline, d'après Strabon, et tous les naturalistes, d'après Pline, en parlent comme du plus singulier de tous les prodiges. Les rats ayant formé le dessein de chasser les insulaires, ravagèrent leurs terres, coupèrent les moissons, les légumes, mangèrent les magasins; en un mot, affamèrent l'île; ensuite ils attaquèrent les hommes et les animaux jusque dans les villes. Ils étaient en si grand nombre, que les habitans, quand ils n'auraient rien eu à craindre pour leur vie, ne pouvaient espérer de tuer, même sans résistance, tant de milliers de rats, qui semblaient sortir de terre. Il leur fallut donc obéir à la nécessité, et prendre le seul parti qui restait, c'est-à-dire, d'abandonner ce qu'ils ne pouvaient conserver. Ils furent encore obligés, en gagnant les ports, de s'ouvrir un passage, l'épée à la main, à travers les bataillons ennemis qui les harcelèrent jusqu'à leurs vaisseaux.

Gyara ne fut pas le seul théâtre des exploits des rats : ils chassèrent également les Abdérites de leur patrie. Cette révolution, selon le rapport de Justin, arriva sous le règne de Cassandre, roi de Macédoine, l'un des successeurs d'Alexandre.

Au commencement du quinzième siècle, les rats portant le ravage et la désolation aux environs d'Autun, furent excommuniés par l'évêque. M. de Chassaneuz, qui était alors avocat du roi dans cette ville, prit leur défense, et fit en leur faveur un fort beau plaidoyer. M. le président de Thou en parle comme d'une pièce admirable. Malheureusement on n'en retrouve aucun vestige. Combien de pièces rares et précieuses sont ainsi perdues pour nous et pour la postérité, par le défaut des gazettes ou la négligence des historiens !

Rats savans.

Les rats ont contribué, à Rome, aux divertissemens publics. Lampride, cité par Aldrovande, dit que l'empereur Héliogabale en fit rassembler dix mille pour figurer dans ce même cirque si fameux par le combat des gladiateurs et des bêtes féroces de toute espèce. Dans les Mémoires du Marquis de ***, intitulés, *Guerres de Flandre, d'Espagne et d'Italie*, il est fait mention d'une troupe de rats qui dansaient sur la corde. Un d'entr'eux, qui éclairait ses camarades, en tenant entre ses pattes une chandelle allumée, faisait tout ce qu'on pourrait exiger d'un singe.

En 1741, j'ai vu à Bourges, dit l'auteur du *Dictionnaire des Merveilles de la Nature*, un Allemand qui avait si bien dressé une demi-douzaine de rats, qu'il leur faisait faire un exercice bien étonnant. Il les tenait renfermés dans une boîte qu'il ouvrait, et dont aucun ne sortait sans qu'il l'eût nominativement appelé ; car ils avaient chacun leur nom. Cette boîte était placée sur une table, devant laquelle cet homme se tenait debout, et contre laquelle il s'appuyait. Il tenait à la main une baguette, et il appelait celui de ses élèves qu'il voulait faire paraître. Celui-ci sortait aussitôt, gravissait le long de son corps et gagnait la baguette, sur laquelle il s'établissait d'abord sur le derrière, se dressait et regardait autour de lui les spectateurs, qu'il saluait à sa manière, en attendant les ordres de son maître, qu'il exécutait avec toute la précision possible, courant d'un bout de la baguette à l'autre, ou s'y tenant dans l'attitude d'un mort, ou s'y laissant pendre par l'une de ses pattes, et toujours par celle qui lui était indiquée.

Ce premier travail fini, à la satisfaction des spectateurs et du maître, celui-ci lui décernait la récompense qu'il avait méritée. Il lui permettait de venir le baiser au visage, et de manger la moitié d'une noix sèche qu'il tenait entre ses lèvres. Aussitôt l'animal accourait à lui, gravissait sur son épaule, léchait la joue que son maître lui tendait, et saisissait alors la noix avec ses dents. Se tournant ensuite en face des spectateurs, il s'établissait sur l'épaule de son maître, s'y tenait sur le derrière, prenait le fruit entre ses pattes et le mangeait, après quoi il retournait dans la boîte. Un autre que le maître appelait, venait répéter le même exercice. Je n'en vis que trois des six auxquels il le fit faire; les autres, nous dit-il, le faisaient aussi adroitement. Le troisième cependant, s'étant mal acquitté de l'un des commandemens qu'il lui fit, n'eut point la récompense indiquée; il eut au contraire une réprimande de son maître, qu'il reçut modestement couché sur la longueur de la baguette, la tête penchée en bas, comme un criminel qui écoute la sentence qui le condamne, et se traînant ensuite honteusement au fond de sa boîte, il ne reparut plus en scène.

On appela ensuite les cinq autres, qui sortirent de la boîte, et vinrent faire sur la table des courses et des mouvemens différemment figurés, que j'aurais peine à décrire, tous conformes aux ordres du maître qui les commandait. Le spectacle finit par une dispute qui s'éleva entre eux.

Ils se battirent et poussèrent des cris que le maître fit cesser d'un seul mot, parce qu'ils effrayèrent quelques femmes présentes à ce spectacle; et les cinq rats rentrèrent dans la boîte

Je dois ajouter ici que, pendant l'exercice qu'ils venaient de faire, le sixième, celui qui avait été honteusement renvoyé, s'était glissé vers le bord de la boîte, d'où il allongeait le mufle en-dehors, et suivait des yeux le travail de ses camarades.

Georges-Jérôme Velsch écrit qu'il a élevé chez lui un rat des Alpes, qui s'était apprivoisé au point de se tenir tout droit sur la table, et de porter son manger à sa gueule avec ses pattes de devant. Tout Paris a pu voir, comme moi, un rat et un chat vivant très bien ensemble, et accoutumés tous deux à paraître sur la place publique avec un escamoteur leur maître. Le rat se mettait entre les pattes du chat, il lui montait sur le dos, sans que Robinagrobis lui fît aucun mal. On en a vu vivre même comme mari et femme. Boyle rapporte qu'en 1684, un gros rat s'accoupla à Londres avec une chatte, et que de cet accouplement il en était né des petits qui tenaient de la nature de l'un et de l'autre de ces animaux; ils furent élevés dans la ménagerie du roi d'Angleterre.

M. Bonnet, dans son *Histoire de la Musique*, dit : « J'ai vu, à la foire Saint-Germain, des rats danser en cadence sur la corde au son des instrumens, étant debout sur leurs pattes de derrière, et tenant de petits contre-poids, de même qu'un danseur de corde. Il y avait une autre troupe de huit rats, qui dansaient un ballet figuré sur une grande table, au son des violons, et avec autant de justesse que des danseurs de profession ; mais ce qui surprit davantage, ce fut un rat blanc de la Laponie, qui dansa une sarabande avec autant de justesse et de gravité qu'aurait pu faire un Espagnol. »

Les Rats de Ceretto.

Misson, dans son *Voyage d'Italie*, dit que les habitans de Ceretto, petite ville du royaume de Naples, furent obligés de disputer le terrain aux rats. Dans un tremblement de terre, la ville de Ceretto fut bouleversée; une partie de ses habitans demeura sous les ruines. Ceux qui eurent le bonheur de se sauver se retirèrent dans la plaine, où ils établirent une espèce de camp. Une armée de rats vint les y menacer d'un sort plus triste que celui qu'ils avaient évité, c'est-à-dire de les manger tout vifs. On opposa le fer et le feu à ces légions furieuses, on fit de bons retranchemens, et l'on passa plusieurs nuits sous les armes, crainte de surprise; jamais allarme ne fut plus chaude. Dans cet étrange embarras on eut recours à un chat, et on l'envoya contre les rats; dans l'instant même ils l'immolèrent aux mânes de leurs pères mangés par les chats, ou plutôt il fut autant sacrifié à l'appétit qu'à la haine nationale.

Les rats ont la sage coutume de déloger d'une maison dès qu'elle menace une ruine prochaine; et je m'en rapporterais plutôt à eux qu'aux architectes les plus experts. Un peu avant qu'Hélice fût renversée par un tremblement de terre, les rats sortirent en foule; et les habitans, qui ne savaient pas leurs raisons, furent tous ensevelis sous les ruines de leur propre ville.

Rats vengeurs du crime.

Le même auteur, Misson, rapporte les deux traits suivans :

L'an 823, Poppiel II, roi de Pologne, surnommé Sardanapale, ayant fait massacrer ses oncles pour usurper la couronne, leur refusa la sépulture : cet excès de cruauté inutile, lui devint fatal; car il se forma de la pourriture des cadavres des princes une multitude de rats, qui vinrent attaquer le roi dans son palais et le dévorèrent.

Hatton II, archevêque de Mayence, pendant la famine qui eut lieu en 967, fit brûler inhumainement un grand nombre de pauvres dans une grange, sous prétexte que c'étaient des bouches inutiles qu'il fallait sacrifier au salut des autres. Les rats le punirent de sa barbare politique; il tomba malade dans une maison qui lui appartenait sur le bord du Rhin, entre

Baccarach et Rudesheim ; les rats vinrent l'y assiéger en si grand nombre, que pour s'en délivrer, il fut obligé de se faire transporter dans une petite île que forme le Rhin, vis-à-vis la maison qu'il abandonnait ; mais ces animaux opiniâtres passèrent le fleuve à la nage, et dévorèrent cet homme cruel dans une tour carrée qu'on appelle encore *la Tour des rats.*

Le Rat aveugle.

Voici un trait qui a été publié, en 1757, dans le *Journal encyclopédique*, par M. Joseph Puderw, officier allemand, que l'on dit observateur exact et judicieux. « J'étais, dit-il, ce matin dans mon lit, à lire : j'ai été interrompu tout-à-coup par un bruit semblable à celui que font les rats qui grimpent entre une double cloison, et qui tâchent de la percer. Le bruit cessait quelques momens et recommençait ensuite. Je n'étais qu'à deux pieds de la cloison, j'observais attentivement : je vis paraître un rat sur le bord d'un trou ; il regarda sans faire aucun bruit ; et ayant aperçu ce qui lui convenait, il se retira. Un instant après, je le vis reparaître ; il conduisait par l'oreille un autre rat plus gros que lui, et qui paraissait vieux. L'ayant laissé sur le bord du trou, un autre jeune rat se joint à lui ; ils parcourent la chambre, ramassent des miettes de biscuit, qui, au souper de la veille, étaient tombées de la table, et les portent à celui qu'ils avaient laissé au bord du trou. Cette attention dans ces animaux m'étonna. J'observais toujours avec plus de soin. J'aperçus que l'animal auquel les deux autres portaient à manger, était aveugle, et ne trouvait, qu'en tâtonnant, le biscuit qu'on lui présentait. Je ne doutai plus que les deux jeunes ne fussent ses petits, qui étaient les pourvoyeurs fidèles et assidus d'un père aveugle. J'admirais en moi-même la sagesse de la nature, qui a mis dans les animaux une intime tendresse, une reconnaissance, je dirais presque une vertu proportionnée à leurs facultés. Dès ce moment, ces animaux abhorrés semblaient devenir mes amis. Ils me donnaient, pour me conduire en pareil cas, des leçons que je n'aurais pas toujours trouvées chez les hommes. J'étais dans une rêverie agréable, admirant ces petits animaux que je craignais qu'on interrompît. Une personne entra dans ce moment : les deux jeunes rats firent un cri pour avertir l'aveugle; et, malgré leur frayeur, ne voulurent pas se sauver que le vieux ne fût en sûreté ; ils rentrèrent à sa suite, et ils lui servirent pour ainsi dire d'arrière-garde.

Les Rats de Sethon.

Rollin, dans son *Histoire ancienne*, rapporte, d'après Hérodote, que Sethon ou Sévéchus, roi des Égyptiens, et grand-prêtre de Vulcain, avait irrité ses troupes par son avarice et ses mauvais traitemens. Il éprouva bientôt leur ressentiment dans une guerre qui lui survint tout-à-coup, et dont il ne se tira que par le secours des rats. Sennacherib, roi des Arabes et des Assyriens, étant entré avec une nombreuse armée en Égypte, les officiers et les soldats égyptiens refusèrent de marcher contre lui. Le prêtre de Vulcain, réduit à une telle extrémité, ne perdit point courage ; il marcha hardiment contre les ennemis avec le peu de gens qui lui restèrent attachés : il s'avança jusqu'à Péluse, où Sennacherib avait établi son camp. La nuit suivante, une multitude effroyable de rats se répandit dans le camp des Assyriens, et y ayant rongé les cordes de leurs arcs, et toutes les courroies de leurs boucliers, les mit hors d'état de se défendre. Ainsi désarmés, ils furent obligés de prendre la fuite ; et ils se retirèrent après avoir perdu une grande partie de leurs troupes. Sethon, de retour chez lui, se fit ériger une statue dans le temple de Vulcain, où, tenant à la main droite un rat, il disait dans une inscription : *Que par moi l'on apprenne à respecter les Dieux !* Un plaisant ajouta, *et à craindre les rats.*

Les Rats de Hamelen.

Janson, dans sa *Description de l'Allemagne*, rapporte que les rats s'étaient si fort multipliés à Hamelen, ville du duché de Lunebourg, que les habitans n'étaient plus maîtres dans leurs maisons ; ils se voyaient bientôt obligés de les abandonner, lorsqu'un charlatan se présenta aux magistrats, et leur promit de les débarrasser de ces ennemis domestiques, moyennant une somme qu'il leur demanda. Les conventions faites, cet homme court les rues, rassemble les rats au bruit d'un tambour, et les emmène hors de la ville, on ne sait où. Après il revient triomphant demander la récompense de son service ; mais les magistrats lui manquèrent de parole, et refusèrent de le payer. Piqué de leur mauvais procédé, il reprit son tambour ; et les enfans, attirés par sa réputation et par le bruit, coururent aussitôt après lui : il sortit avec eux de la ville, et n'y rentra jamais, non plus que les enfans, qu'on chercha inutilement. La mémoire de cet événement malheureux se conserve encore à Hamelen : à pareil jour les portes de la ville sont fermées, et il est défendu d'y battre la caisse.

Le Rat de Crébillon.

Crébillon fils avait été envoyé au château de Vincennes pour son roman de Tanzaï. Dès la première nuit de son arrivée dans le donjon, il est réveillé tout-à-coup par quelque chose de chaud qu'il sent à son côté, il trouve un corps velu, qu'il imagine être un chat ; son premier mouvement fut de le chasser ; il en fut fâché ensuite ; mais il se rendormit bientôt. Le lendemain, à son réveil, ce chat vint d'abord occuper sa pensée ; il les aimait, et s'en promettait, pendant sa prison, une espèce d'amusement. Sa recherche se trouvant vaine, il lui resta l'espoir que la nuit suivante cet animal, probablement sauvé par quelque issue cachée, reviendrait le trouver au lit, où il se promit de le mieux accueillir.

Étant à dîner, il aperçoit un animal assis sur son cul comme un singe, qui le regardait tranquillement manger. Sa chambre, assez mal éclairée, lui fait d'abord imaginer que c'est son compagnon de lit, si regretté, qu'il a le plaisir de revoir. Il l'appelle d'une voix caressante, lui fait part de son dîner ; mais ayant avancé la main pour le prendre, l'animal fit un mouvement qui mit en évidence une queue, à laquelle Crébillon reconnut que ce qu'il avait pris pour un chat, n'était autre chose qu'un rat des mieux nourris, et d'une taille fort au-dessus de l'ordinaire.

A cette vue, l'extrême antipathie qu'il avait toujours eue pour cet animal lui fit pousser un cri perçant. Un guichetier, qui par hasard n'était pas loin de là, arrive tout-à-coup : le prisonnier l'informe de ce qui cause son effroi : « Calmez-vous, mon cher Monsieur, lui dit cet homme en éclatant de rire, et pardonnez à mon étourderie, qui m'a fait oublier de vous prévenir au sujet de l'animal dont il s'agit. Votre prédécesseur dans cette chambre, qu'il a très long-tems habitée, l'avait insensiblement apprivoisé, dès sa jeunesse, au point non-seulement de le faire manger avec lui, mais même de le souffrir dans son lit. J'ajouterai que cela me semblait si plaisant, que je voulus essayer à mon tour de voir si cet honnête homme de rat (pardonnez-moi le terme) pourrait aussi se faire à moi; et vous allez juger si j'y suis parvenu.... Voilà son trou, que vous n'avez pas vu, Monsieur.... Approchez, et osez me voir faire.

« *Raton ! Raton !* s'écria le guichetier, en se baissant, avec un morceau de viande à la main : viens, *Raton;* viens, mon ami ! » A cette voix, *Raton* montre d'abord la tête; et bientôt reconnaissant son homme, lui saute légèrement sur la main, et y gruge le morceau qui lui est offert. A partir de ce moment, ajoutait Crébillon, en racontant cette aventure à ses amis, l'extrême aversion que j'avais toujours eue pour les rats cessa si bien, que mons *Raton* devint bientôt mon commensal; à l'article du lit près, je lui vis reprendre avec plaisir tous les droits dont il jouissait sous mon prédécesseur; et sans l'attachement qu'avait pour lui le guichetier, je n'aurais pas quitté Vincennes, sans l'emporter à Paris avec moi. »

Le Rat au grelot.

Un voyageur qui traversait le Mecklenbourg, il y a environ trente ans, fut témoin d'une singulière circonstance, à la poste aux chevaux de Stargard. Après dîner, le maître de la maison posa à terre un grand plat de soupe, et donna en même tems un fort coup de sifflet; aussitôt après on vit entrer dans la chambre un dogue, un beau chat angora, un vieux corbeau et un rat monstrueux portant un grelot autour de son cou. Ils vinrent tous au plat, et mangèrent ensemble; après quoi le chien, le chat et le rat se couchèrent devant le feu, tandis que le corbeau se mit à se promener en sautillant dans la chambre. Le maître de la poste, après avoir expliqué la manière dont ces animaux avaient été ainsi apprivoisés, informa les voyageurs que le rat était le plus utile des quatre, parce que le bruit qu'il faisait avec son grelot avait délivré la maison des souris et des rats, dont elle était autrefois infestée.

Les Renards de Samson.

Samson, cet homme si célèbre dans l'Écriture sainte, par sa force surnaturelle, voulant se venger des Philistins auxquels il faisait la guerre, et qui venaient de commettre d'horribles excès, prit trois cents renards, qu'il lia deux à deux, attachant à la queue de chacun un flambeau allumé; ensuite il les lâcha au milieu des blés déjà mûrs des Philistins. Les blés étant consumés, le feu passa dans les vignes; il en fut de même de tout ce qui était dans la campagne. Ainsi, grâce aux renards, Samson dévasta tous les champs de l'ennemi, sans combats et sans effusion de sang.

Willis, dans son traité *de Animâ brutorum*, rapporte ce trait qu'il garantit véritable : Un renard, voulant faire sa proie d'un coq-d'inde qu'il voyait perché sur un arbre, imagina ce stratagème : il se mit à tourner autour de l'arbre, avec beaucoup de vitesse, et pendant assez long-tems. Attentif au mouvement circulaire de son ennemi, le coq-d'inde faisait autant de tours de tête, pour ne le point perdre de vue; enfin, étourdi par ce tournoiement, il tomba du haut de l'arbre, et le renard s'en saisit. C'est là sans doute plus que de l'instinct : une ruse semblable annonce une combinaison d'idées qui ne peut se faire sans intelligence.

Le Requin.

Ce monstre de mer est très friand de chair humaine. Le requin avale un homme comme une asperge; on lui en a trouvé, dit le chevalier Chardin, jusqu'à trois dans le ventre, dont un, entr'autres, qui était encore avec des bottes et son épée au côté. Bosman, dans sa *Description de la Guinée*, rapporte que lorsqu'il mourait un esclave et qu'on le jetait à la mer, on voyait avec horreur quatre à cinq requins qui s'élançaient vers le fond pour s'emparer du cadavre, ou qui le saisissant dans sa chute, le déchiraient en un instant. Chaque morsure séparait une jambe ou un bras du tronc. Si quelque requin arrivait trop tard pour partager la proie, il paraissait prêt à dévorer les autres; car ces animaux s'attaquent entre eux avec un acharnement extraordinaire. On les voit lever la tête et la moitié du corps hors de l'eau, se porter des coups si terribles, que la mer en retentit au loin.

Sir Charles Douglas raconte qu'au combat naval du 12 avril 1782, le feu ayant pris au *César,* vaisseau de ligne français, un grand nombre de matelots qui s'étaient jetés à la mer pour se dérober aux flammes, furent saisis par des requins qui s'étaient rangés entre les deux flottes. Il vit, à diverses reprises, deux de ces monstres voraces saisir chacun une jambe de ces malheureux, se disputer leur proie, en tirant chacun de son côté, et enfin disparaître en les entraînant au fond de la mer. Malgré le bruit de l'artillerie, on entendait très distinctement le cri des victimes qui se trouvaient saisies, sans qu'on pût leur donner aucun secours.

En 1744, continue Bomare, qui rapporte ces faits, un matelot provençal se baignant dans la Méditerannée, près d'Antibes, s'aperçut qu'un requin nageait au-dessous de lui et le suivait. Le matelot fit un cri lamentable pour implorer le secours de ses compagnons qui étaient à bord du vaisseau à côté duquel il se trouvait. Ils lui jetèrent une corde qu'il s'attacha au-dessous des bras, et ils l'enlevèrent rapidement. Voyant que sa proie lui échappait, le poisson furieux s'élança hors de l'eau à la hauteur de plus de vingt pieds; et il eut encore le tems de couper net la jambe droite du malheureux matelot.

Outre ses morsures, qui enlèvent toujours quelque partie du corps, les coups de sa queue sont si forts, qu'ils peuvent casser les bras ou les jambes. Il n'y a point d'animal qui ait la vie si dure. Après l'avoir coupé en pièces, on voit encore remuer toutes les parties.

Pierre Gillius rapporte que des pêcheurs de Nice lui ont assuré qu'ils avaient pris un requin du poids d'environ quatre mille livres, et qu'ils avaient trouvé un homme entier dans son ventre. Rondelet a vu en Saintonge un autre requin qui avait la gueule et le gosier si amples, qu'un homme gros et gras y aurait pu tenir à l'aise: il conjecture avec beaucoup de fondement, que c'était un requin qui reçut Jonas dans son ventre; car l'Écriture nomme le poisson *cete :* sous lequel nom générique sont compris, outre les cétacés proprement dits ou les baleines, tous les poissons qui sont fort grands. Willughby pense de même, parce que les baleines ont le gosier trop étroit pour pouvoir avaler un homme entier ; ces animaux, tout énormes qu'ils sont, ont l'entrée de la gorge étroite et à peine ouverte d'un demi-pied, comme Scaliger dit s'en être assuré.

Rhinocéros apprivoisé.

On a vu à Paris, en 1748, un rhinocéros venant d'Achem, qui fait partie des états du roi d'Ava, en Asie. Il était doux, caressant; on l'avait amené par terre dans une voiture tirée par vingt chevaux. Il mangeait journellement soixante livres de foin, de la paille, des légumes, vingt livres de pain, des fruits; recevait avec plaisir, dans la bouche et les narines la fumée de tabac qu'on lui soufflait, et buvait par jour quatorze seaux d'eau. Le vin et la bière étaient fort de son goût: il refusait la viande et le poisson ; sa peau rude, écailleuse, plus épaisse sur le dos que sous le ventre, ne l'empêchait point de frissonner au moindre coup de baguette. On avait soin de la graisser de tems en tems avec de l'huile de poisson, pour l'empêcher de se durcir et de se fendre; il léchait un de ses gardiens, sans lui faire aucun mal.

La présence de cet animal était un spectacle chez les Romains : on le faisait quelquefois battre contre l'éléphant, l'ours, le taureau, et même contre les gladiateurs. Ce fut le grand Pompée qui, le premier, en fit combattre dans le Cirque. Martial, témoin oculaire, dit que le rhinocéros lançait en l'air un ours ou un taureau comme un ballon à jouer. On en amena un à Emmanuel, roi de Portugal. Ce prince le fit combattre contre un éléphant, et celui-ci fut vaincu.

Le Rossignol d'Agrippine.

M. des Iveteaux, qui a été précepteur de Louis XIII, avait chez lui une demoiselle Dupuis qui jouait de la harpe divinement, et était douée d'une voix charmante. Quand cette demoiselle faisait de la musique, des rossignols à qui on laissait la liberté, sortaient de leur volière, et venaient se pâmer sur l'instrument.

Selon Pline, on fit présent à Agrippine, femme de l'empereur Claude, d'un rossignol entièrement blanc; cette variété était fort rare à Rome. Cet oiseau coûta six mille sesterces, que Budée évalue à quinze mille écus de notre monnaie.

Le Rouge-Gorge.

Cet oiseau se nomme ainsi, parce que sa gorge et le haut de sa poitrine sont d'un rouge foncé. Il est fort en réputation en Irlande et en Angleterre, par rapport à son heureux instinct, à sa gentillesse et à la gaîté de son chant. Le peuple de ce pays a même une espèce de vénération pour cet oiseau : elle est fondée sur l'horreur naturelle qu'a le rouge-gorge à l'aspect des morts privés de sépulture. Des écrivains dignes de foi assurent que dès que ces oiseaux aperçoivent des cadavres humains gisans et abandonnés, ils se rassemblent par troupes, et vont prendre de tous côtés de la paille, de la mousse, des feuilles sèches ; ils en couvrent d'abord la tête du mort, puis l'estomac, puis le reste du corps, jusqu'à ce qu'ils aient dérobé tout-à-fait à la vue les restes inanimés qui doivent toujours être un objet de respect pour nous.

Le Sanglier de François Ier.

François Ier étant à Amboise, imagina, parmi les divertissemens qu'il voulait donner aux dames, de faire prendre en vie un des plus énormes sangliers de la forêt. Cet animal qu'on avait apporté dans la cour du château, devenu furieux par les petits dards et les bouchons de paille qu'on lui jetait des fenêtres, monta le grand escalier, et enfonça les portes de l'appartement où étaient les dames. François Ier défendit à qui que ce fût d'approcher, attendit la bête, lui enfonça son coutelas dans la tête entre les yeux, et lorsqu'elle tomba, la retourna sur l'autre côté; par la seule force du poignet : ce prince n'avait alors que vingt-un ans.

Sansonnet parlant.

Un curé de campagne apprit le Credo tout entier à un sansonnet, pour humilier son sacristain qui n'en pouvait retenir que quelques mots. Ce stratagême réussit; le paysan, piqué de se voir surpassé par un animal, devint habile dans l'art de retenir ce qu'on voulait lui faire apprendre.

Un évêque entrant dans la cellule d'un chartreux, un sansonnet vint se placer sur l'épaule du prélat, en lui disant : *Bonjour, Monseigneur.* Le prieur de la maison, pour prouver combien son religieux était détaché de tout objet frivole, étouffa l'oiseau dans le moment même, ce qui indigna tellement l'évêque, qu'il fit destituer ce prieur, aussi fanatique que cruel.

Les Sauterelles de Provence.

Mézerai, dans son *Histoire de France*, dit qu'au mois de mai 1663, il s'engendra une si grande quantité de sauterelles dans la campagne d'Arles, en Provence, qu'en moins de sept à huit heures elles rongèrent jusqu'à la racine des herbes et des grains, dans l'espace de plus de quinze mille arpens de terre; elles pénétrèrent même dans les greniers et dans les granges et consommèrent tous les grains qui y étaient. Lorsqu'elles eurent ravagé tout le territoire des environs d'Arles, elles passèrent le Rhône, et vinrent à Tarascon et à Beaucaire; mais comme la récolte était pour-lors faite, elles mangèrent les herbes des jardins et les luzernes. Elles prirent ensuite leur route vers Bourbon, Valabres, Montfrior et Aramon, elles y firent le même dégat; et sans les étourneaux et d'autres oiseaux blancs, nommés dans le pays *gabians*, qui en firent leur proie, ces insectes auraient encore poussé plus loin leur route et leur ravage.

Ceux qui échappèrent à ces oiseaux, déposèrent une si grande quantité d'œufs, que tout le pays en eût été désolé, si on les eût laissés; mais il y eut des ordres de la part des magistrats de ramasser ces œufs et de les enterrer, ou de les jetter dans le Rhône. On en ramassa trois mille quintaux, et on observa dans ce tems, que si ces œufs avaient réussi, chaque quintal aurait pu fournir un million sept cent cinquante mille sauterelles.

Lorsque les sauterelles sont en campagne, elles partagent entr'elles le butin. Elles ont toujours, dit-on, à leur tête un chef qui voyage au hasard; et où il s'arrête, les autres restent, et ne passent pas outre, pour maintenir l'ordre dans leur marche.

Le peuple de Provence regarde avec une sorte de vénération la grande sauterelle, qu'il nomme *Prie-Dieu*, parce qu'elle semble, dans son attitude la plus ordinaire, prier Dieu, étant presque toujours assise sur ses pattes de derrière, et tenant ses deux pattes de devant élevées et croisées l'une sur l'autre. Mouffet prétend que si un enfant égaré lui demande son chemin, elle lui montre avec un de ses pieds; assurant qu'il est très rare qu'elle le lui enseigne mal.»

Les *Mémoires du Levant* rapportent qu'il s'est trouvé sur la pointe d'une mona gne des environs de Bascompte, un serpent d'une grosseur extraordinaire, qui attendait les sauterelles au passage, et qui mangeait toutes celles qui s'approchaient de lui. Il en entra une quantité prodigieuse dans sa gueule béante; mais dès que les sauterelles, qu'il avalait toutes vivantes, eurent pénétré dans ses entrailles, elles le dévorèrent à leur tour, et le rongèrent de façon que bientôt il n'en resta plus que les épines et les arrêtes.

Les Sauterelles de Charles XII.

Dans *l'Histoire de Charles XII*, il est fait mention des sauterelles qui incommodèrent beaucoup ce prince dans la Basse Arabie. Une horrible quantité de ces insectes s'éleva sur le midi, du côté de la mer, d'abord à petite flotte, ensuite comme des nuages qui obscurcirent l'air, et le rendirent si sombre et si épais, que dans toute cette vaste plaine le soleil parut entièrement éclipsé. Ces insectes ne volèrent point proche de terre, mais à-peu-près à la même hauteur que les hirondelles, jusqu'à ce qu'ils trouvassent un champ sur lequel ils pussent se jeter. « On en rencontrait souvent sur le chemin, continue l'historien de Charles XII, d'où ils s'élevaient avec un bruit semblable à celui d'une tempête; ils venaient fondre sur l'armée comme un orage; se jetaient sur la même plaine où elle était campée; et sans craindre d'être foulés aux pieds des chevaux, ils s'élevaient de terre et couvraient le corps et le visage des soldats, à ne pouvoir pas voir devant eux, jusqu'à ce que l'armée eût entièrement passé l'endroit où ces insectes s'arrêtaient. Partout où les sauterelles reposaient, elles y faisaient un dégât affreux en broutant l'herbe jusqu'à la racine; en sorte qu'au lieu de cette belle verdure dont la campagne était auparavant couverte, on n'y voyait qu'une terre aride et sablonneuse.

Les Serins savans.

On voit un spectacle à Paris dont les oiseaux seuls font tous les frais. A la voix de leur maître, ils sortent et rentrent dans leur cage, se tiennent tranquilles sur un caisse où l'on bat la charge, font la sentinelle, affublés d'un bonnet de grenadier, d'un fusil, d'un sabre et d'une giberne. L'un d'eux las de sa faction, jette de côté tout l'équipement, et déserte son poste. Rattrapé par son maître, il est condamné à être passé par les armes; il fait ses adieux à toute la société; on lui bande les yeux; un canon est braqué sur lui, un de ses camarades y met le feu : sitôt l'explosion, le déserteur tombe à la renverse, comme s'il était tué raide; alors un autre serin le charge dans une brouette pour le mener à la sépulture. Mais à peine sont-ils hors du camp, que le déserteur se relève, et semble, par ses chants joyeux, se féliciter d'avoir pu échapper au péril.

Ces serins font en outre mille tours d'adresse devant la compagnie, non moins enchantée des rares talens que de l'obéissance de ces oiseaux.

Valmont de Bomare dit qu'on a vu en 1760, à la foire Saint-Germain, un serin qui connaissait parfaitement toutes les couleurs, et savait assortir les nuances de toutes les étoffes qu'on lui montrait. Il formait ensuite, avec des caractères détachés, tous les mots que les spectateurs demandaient. Il marquait très-exactement avec des chiffres qu'il allait choisir, l'heure et les minutes d'une montre. Il faisait les quatre règles de l'arithmétique. Dans la présente année 1834, on voit un spectacle aussi curieux sur le boulevard Saint-Martin.

Le Serin de Louis XV.

Louis XV avait un serin de Canarie, qui chantait dix ou douze airs de flageolet, et quelques préludes en perfection. Sa Majesté, à un retour de chasse, trouva le serin mort dans sa cage, et reconnut que c'était faute d'eau. « Si je n'avais point été roi, dit-elle à ses officiers, mon oiseau ne serait pas mort, parce que j'aurais eu soin de lui donner à boire. »

Le Serin de Santeuil.

Santeuil aimait les serins au-delà de toute expression, Il en avait toujours dans sa chambre une quantité prodigieuse, et des plus beaux qu'on pût voir. Il raconte qu'un jour faisant l'épitaphe de Lully, un de ses serins, qui était familier, s'étant mis sur sa tête, chantait d'une manière si agréable, qu'il lui semblait que l'âme de ce célèbre musicien était passée dans le corps de ce petit animal pour lui inspirer quelque chose digne de son sujet. Un abbé entra malheureusement dans la chambre, et fit peur au serin qui s'envola aussitôt sur le ciel du lit. Santeuil s'empressa de congédier cet importun ; et ayant repris son travail, le serin se remit peu de tems après sur sa tête, et recommença son ramage avec plus de mélodie que jamais, de manière qu'il ne quitta point Santeuil que l'épitaphe ne fût finie. Soit que cet oiseau se fût crevé à force de chanter, ou qu'il lui fût arrivé quelqu'autre accident, Santeuil le trouva mort le lendemain. Il en répandit des larmes, et le regretta long-tems, disant partout qu'il aurait donné les moines et toute l'abbaye pour conserver ce serin. Il lui coûtait vingt écus, il était blanc à éblouir et très familier.

La Serine charitable.

Dans une grande volière peuplée d'oiseaux de diverses espèces, qui vivaient assez bien ensemble, on avait mis un nid de rossignol, et la pâtée mêlée de chrysalides de fourmis et de petits vers de farine, qui fait leur meilleure nourriture. Le père et la mère ne purent supporter la prison, quoique vaste en apparence. Le rossignol mourut le premier; la femelle le suivit de près : un petit restait et mendiait la becquée par ses cris.

Une serine avait observé ce triste et nouveau ménage; et, ce qui est plus remarquable, elle avait reconnu la différence des alimens que les parens, avant leur mort, donnaient au jeune rossignol, de ceux dont elle-même faisait usage. Elle fut attendrie par la misère de l'orphelin; mais ces vermisseaux, cette pâture animale lui causaient un très-grand dégoût. Elle hésita long-tems, allant du petit au vase qui contenait sa pâtée et du vase au petit.

Enfin, la charité surmonta la répugnance; elle prit une becquée, et la porta d'un vol précipité à l'oiseau ; puis alla vite se laver le bec. Elle donnait ainsi jusqu'à trois becquées, mettant entre elles un petit intervalle, et se lavant soigneusement le bec à chacune. Elle ne recommençait à en donner trois autres qu'après un tems assez long, montrant toujours combien l'effort lui était pénible, et continuait de même les ablutions. Le petit fut élevé ; il aimait tendrement sa nourrice ; mais le serin, qui avait toléré l'éducation du rossignol au nid, se mit à battre le rossignol voltigeur : de sorte qu'on fut obligé de retirer celui-ci de la volière, pour lui sauver la vie.

Serpens sacrés.

Hérodote dit qu'il y a à l'entour de Thèbes des serpens sacrés, qui ne font point de mal aux hommes ; ils sont petits et ont deux cornes sur le haut de la tête. Quand ils sont morts, on les enterre dans le temple de Jupiter, parce qu'ils sont consacrés à ce dieu.

Il y a au Sénégal des serpens géans dont quelques-uns ont jusqu'à cinquante pieds de longueur et un pied et demi de diamètre. Diodore de Sicile rapporte qu'on présenta un serpent de sept toises et demie au roi Ptolomée dans Alexandrie. Sous l'empereur Claude, on en tua un au mont Vatican, à qui l'on trouva dans le ventre un enfant qui était encore tout entier.

Le serpent, chez les Égytiens, les Grecs et les Romains, était le symbole de la santé. On représentait Esculape sous la figure d'un serpent ou entortillé de serpens; et la plupart des nègres croient encore aujourd'hui que les ames des hommes qui ont bien vécu entrent dans le corps de ces reptiles.

Tite-Live rapporte que les troupes de Fabius Ambustus furent mises en déroute par les Falisques et les Tarquiniens, qui avaient garni leur premier rang de leurs prêtres, ayant à la main des torches flamboyantes et de grosses couleuvres au lieu d'épées.

Près de Lavinium, il y avait un bois sacré où l'on nourrissait des serpens : de jeunes filles étaient chargées de leur faire des gâteaux de farine et de miel, et de les leur porter : si l'un de ces serpens ne mangeait pas son gâteau avec un certain appétit, ou s'il paraissait languissant et malade après l'avoir mangé, c'était une preuve que celle qui avait fait ce gâteau avait perdu son innocence.

Des paysans de Livonie nourrissent des serpens avec du lait : ils croient que le salut de leurs troupeaux dépend de la vie de ces reptiles.

Serpens fétiches.

Les habitans du royaume de Juida ont pour fétiche ou dieu protecteur de leur pays un grand serpent. Ils ont en outre une grande vénération pour tous les serpens de la même espèce, qui, loin d'être dangereux ont coutume de faire la guerre aux serpens malfaisans.

Voici l'origine du culte que l'on rend à ce reptile.

On observa que le serpent qu'ils adorent aujourd'hui tua un serpent venimeux au moment où il allait mordre un homme. Cette circonstance rendit les nègres attentifs à cet animal; et comme ils reconnurent qu'il n'avait rien en lui de nuisible, qu'au contraire il les délivrait du serpent venimeux, leur plus cruel ennemi, ils en conclurent que c'était le fétiche ou leur divinité tutélaire, et qu'ils devaient lui rendre les plus grands honneurs.

On dirait que ces animaux aient deviné qu'on les respecte, tant ils ont de hardiesse: il entrent dans les maisons, et s'y établissent sans la moindre inquiétude; ils vont même jusque dans les lits, et se montrent très familiers. S'il arrive par hasard qu'on marche dessus, ils se retirent avec plus de frayeur que de colère, ou s'ils se servent de leurs dents pour mordre, la blessure est toujours sans danger. Il n'y a pas de nègres qui ne se croient heureux de rencontrer de ces animaux et de les nourrir. C'est un crime capital de leur nuire ou de les outrager volontairement. S'il arrivait à quelqu'un, nègre ou blanc, d'en tuer un, toute la nation serait ardente à se soulever. Le coupable, s'il était nègre, serait assommé ou brûlé sur-le-champ, et ses biens seraient confisqués. Si c'était un blanc, et qu'il eût le bonheur de se dérober à la furie du peuple, il en coûterait une bonne somme à sa nation pour lui procurer la liberté de reparaître.

Cette superstition fut cause d'un accident tragique dans les commencemens de de l'établissement des Anglais sur les côtes du royaume de Juida. Un capitaine de leur nation ayant débarqué des marchandises sur le rivage, ses gens trouvèrent pendant la nuit, un serpent fétiche qu'ils tuèrent et qu'ils jetèrent devant leur porte, sans se défier des conséquences. Le lendemain, quelques nègres qui reconnurent le sacrilége, et qui apprirent quels en étaient les auteurs, par la confession même des Anglais, ne tardèrent point à répandre cette funeste nouvelle dans la nation. Tous les habitans du canton se rassemblèrent, fondirent sur le comptoir naissant, massacrèrent les Anglais jusqu'au dernier, et détruisirent par le feu l'édifice et les marchandises.

Il n'y a pas que les hommes qui soient punis d'avoir offensé le dieu; les animaux ne sont pas épargnés dans le même cas.

Un porc ayant été tourmenté par un serpent, se jeta dessus sans respect et le dévora. Le crime fut remarqué. Les prêtres portèrent leurs plaintes au roi, et obtinrent de ce prince une sentence qui condamnait à mort tous les porcs du royaume. Des milliers de nègres, armés d'épées et de massues, commencèrent aussitôt cette sanglante exécution. En vain les maîtres représentèrent-ils l'innocence de leurs troupeaux, toute la race eût été éteinte, si le roi, qui n'avait pas l'humeur sanguinaire, n'eût arrêté le massacre par un contre-ordre.

En me promenant dans la campagne, dit le voyageur Bosman, je vis un de ces serpens roulé en peloton, et dormant profondément au pied d'un arbre. L'idée de le mettre dans un vase et de le conserver dans de l'esprit-de-vin pour l'apporter en Europe me vint aussitôt à l'esprit; mais malheureusement un nègre le vit aussi; il s'éloigna à l'instant en diligence, et reparut bientôt accompagné d'un prêtre. Celui-ci, à la vue du serpent, se jeta tout de son long le visage contre terre, la baisa trois fois, marmota quelques mots, prépara sa ceinture pour y empaqueter la bête, la leva de terre avec tant de précaution, qu'elle ne se réveilla seulement pas, et la porta dans le temple, où il y a toujours à boire et à manger pour ces animaux, soit qu'ils viennent ou non pour en profiter. Il y a une grande quantité de ces temples dans le royaume; ce sont de simples huttes où l'on porte les serpens que l'on trouve, et où l'on a grand soin de leur donner de la nourriture. Leurs adorateurs viennent de tems en tems leur rendre hommage; ils se mettent à genoux devant eux, leur offrent quelques jattes de lait, et se prosternent. La plupart de ces huttes sont au milieu des bosquets, dans les situations les plus agréables. Le plus fameux et le plus grand de ces temples est dans les environs de Fida, sous un arbre magnifique : c'est dans ce sanctuaire que fait sa résidence le chef et le plus grand des serpens. S'il faut en croire les nègres, il doit être vieux; car c'est le père de tous ceux qu'on voit dans ce pays; ils assurent aussi qu'il est de la grosseur d'un homme et d'une longueur incroyable; mais nul d'entre eux n'a vu cet animal merveilleux : c'est un droit qui n'est réservé qu'au grand-prêtre.

Le ministère de la religion est partagé entre les deux sexes. Les *Fétichères*, ou prêtres, ont un chef qui les gouverne : l'opinion répandue parmi le peuple, qu'il converse avec le serpent, lui donne une grande autorité. Les femmes qui sont élevées dans l'ordre de *Bétas*, ou les prêtresses, ont aussi un grand empire, et sont très respectées.

Chaque temple un peu considérable a son école, où les prêtresses apprennent aux enfans à chanter et à danser : la danse des fétiches se pratique presque chaque jour. Cette nation y est extrêmement exercée. On voit une multitude de jeunes filles, entretenues aux dépens du public, qui ne font autre chose que chanter dans le temple et danser en public. Elles sont alors magnifiquement parées, portent une demi-douzaine de pagnes l'un sur l'autre, et ont le cou, les bras, les jambes et le corps chargés de colliers de corail; mais du reste elles sont entièrement nues.

Pour entretenir le nombre des prêtresses, on choisit, chaque année une certaine quantité de jeunes filles qui sont séparées des autres femmes et consacrées au serpent. Ces jeunes filles sont d'abord traitées avec assez de douceur dans leurs cloîtres: on leur fait apprendre les danses et les chants sacrés qui servent au culte du serpent; mais la dernière partie de ce noviciat est très sanglante : elle consiste à leur imprimer sur toutes les parties du corps, avec des pointes de fer, des figures de fleurs, d'animaux, et surtout des serpens. Cette opération ne se fait pas sans de vives douleurs et sans une grande effusion de sang. La peau devient fort belle, après la guérison de tant de blessures; on la prendrait pour un satin noir à fleurs; mais sa principale beauté, aux yeux des nègres, est de marquer une consécration perpétuelle au serpent.

Le Serpent défenseur.

Démocrite, cité par Pline, dit que, dans la ville de Patras, un enfant nommé Thoas, avait élevé un serpent sous le nom de *Dragon* : il l'aimait beaucoup. *Dragon* ayant atteint une grosseur prodigieuse, parut redoutable aux habitans du pays, qui le renvoyèrent dans les forêts. Quelque tems après, Thoas, revenant d'une partie de plaisir avec des camarades de son âge, fut attaqué par des voleurs. Le serpent, témoin de cette aventure, fondit sur les brigands et sauva la vie à son jeune maître.

L'empereur Tibère avait élevé un serpent; il était très-apprivoisé. Etant parti de Caprée pour aller à Rome, dans un moment de sédition, et n'étant plus qu'à sept milles de cette ville, il rebroussa chemin, parce que, voulant donner à manger à son serpent de sa propre main, selon sa coutume, il le trouva mort et rongé de fourmis. Il tira de là le présage que cette journée n'était pas heureuse pour lui, et qu'il devait éviter les fureurs de la multitude.

Serpens familiers.

Madame Du Noyer rapporte, dans une de ses *Lettres*, que, « pendant son séjour à Dijon, elle alla rendre visite à une dame qui avait élevé un serpent. Comme cette dame avait quelque indisposition, madame Du Noyer la trouva couchée sur un lit paré : elle avait bonne compagnie auprès d'elle. Son déshabillé lui donnait un petit air de nymphe. « Je m'approchai de cette aimable malade, *continue celle* qui lui rendait visite; mais quelle fut ma surprise, quand je vis qu'elle badinait avec un serpent qui était attaché à son bras avec un ruban couleur de feu, assez long pour lui laisser la liberté de se promener sur le lit. Je fis un cri effroyable à cet aspect, et l'horreur que l'on a de ces sortes d'animaux me fit frémir, mais la dame me dit que je n'avais rien à craindre; que son serpent ne me ferait pas de mal; et après qu'elle lui eut donné un petit coup, comme on aurait fait à un joli épagneul, elle lui dit de dormir; et le docile animal se glissa dans son sein, où un moment après il parut effectivement endormi. Vous avez vu mon serpent, ajouta cette dame; on peut vous dire qu'il y a six ans que je l'ai, et que, contre le naturel de ceux de son espèce, il ne m'a jamais fait aucun mal.

Toute la compagnie certifia la même chose et je sortis de chez cette dame dans un étonnement dont je ne puis encore revenir. Elle voulut que je visse tout ce qu'il savait faire : elle siffla à demi-bas; il s'éveilla, fit mille singeries; après quoi on ouvrit une boîte de vermeil, qui était pleine de son, dont il se régala. »

Tout le monde a pu voir, l'année dernière, dans Paris, une jeune dame qui est parvenue, par sa douceur et sa patience, à apprivoiser des serpens venant des côtes d'Afrique. J'ai vu ces reptiles; ils avaient la tête comme la tortue, le corps couvert d'écailles comme le poisson; ils étaient de la hauteur de sept pieds, et avaient trois dards dans la gueule. Au commandement de leur maîtresse, ils sortaient de leur retraite, montraient leurs dards, et l'embrassaient sans lui faire de mal; elle s'en formait des colliers, des bracelets, des ceintures; et quand elle le leur ordonnait, ils rentraient dans leur demeure. Thomas Smith rapporte que les Indiens, pour amuser le public, promènent le serpent à sonnettes dans un panier, après l'avoir privé de ses crochets qui charient le venin, ce qui le met hors d'état de nuire. On lui enseigne à exécuter une danse au son d'un flageolet, aussi long-tems qu'il plaît au maître de continuer à faire de la musique.

M. John vit un jour un serpent à sonnettes apprivoisé, *qui était* aussi doux qu'un reptile peut l'être. Il allait à l'eau, et nageait toutes les fois qu'on le lui ordonnait ; et quand ceux auxquels il appartenait le rappelaient, il s'empressait d'obéir.

Le *polonga* est un serpent très commun dans l'île de Ceylan. Autant les autres serpens sont venimeux, méchans et laids, autant celui-ci est doux, familier et beau. Les habitans de Ceylan ont chez eux des polongas qui les suivent et qui les caressent, comme les chiens le font dans nos climats.

Dans le Malabar, il y a aussi un serpent à peau lisse et froide comme le marbre. Il est si mignon et si doux, que les femmes le mettent dans leur sein pour se rafraîchir pendant les grandes chaleurs.

Serpent de Régulus.

Tuberon rapporte que, dans la première guerre punique, le consul Attilius Régulus ayant assis son camp en Afrique, sur les bords du fleuve Bagrada, fut obligé de livrer un combat très vif et très opiniâtre contre un serpent d'une grandeur énorme qui rendait inhabitable les bords du fleuve; il empoisonnait l'air, et sa seule haleine causait la mort. Lorsque les soldats romains allaient puiser de l'eau dans le Bagrada, l'affreux serpent les attaquait, les enveloppait de ses replis, et quelquefois les engloutissait tout entiers dans sa large gueule. Pour disputer le fleuve à ce monstre furieux, il fallut mettre toutes les troupes sous les armes, le combattre longtems; et l'on n'en vint à bout qu'en dressant contre lui toutes les machines de guerre qu'on emploie pour battre les places. Les balistes furent long-tems sans pouvoir l'atteindre. Enfin une grosse pierre, lancée par une de ces machines, tomba si lourdement sur son corps, qu'elle lui cassa l'épine du dos. Le serpent ne fit plus ses replis et ses bonds qu'avec peine ; on l'approcha plus aisément, et enfin il fut percé de coups. Mais la puanteur horrible de son cadavre vengea sa mort ; il corrompit l'air et les eaux du fleuve, et répandit dans toute la contrée une si grande infection, que Régulus fut obligé de lever le camp. Il envoya sa dépouille à Rome ; elle avait cent vingt pieds de longueur.

Serpens de Paris.

Saint-Foix rapporte, dans ses *Essais historiques sur Paris*, que le duc de Nemours, que la Ligue avait nommé gouverneur de Paris, allant visiter quelques postes du côté de la porte Saint-Michel, au haut de la rue de la Harpe, rencontra un homme qui lui dit d'un air effrayé : « Monsieur, n'entrez pas dans cette rue ; j'en viens ; elle est pleine de serpens, et j'y ai vu une femme à demi-morte, dont le cou et les bras étaient entortillés de couleuvres. » Le duc de Nemours fit avancer quelques-uns de ses gens ; ils revinrent bien vite, et confirmèrent le récit de cet homme. Les historiens disent que les chaleurs excessives de la canicule et la puanteur de tant de corps infectés par de mauvaises nourritures, engendraient cette quantité prodigieuse de serpens qu'on trouvait dans divers quartiers de la ville vers la fin du siége.

Mézerai rapporte que Philippe Auguste et Richard Cœur-de-Lion, conférant ensemble de la paix auprès d'un orme qui était entre les deux camps, il sortit du pied de cet arbre un gros serpent, sifflant et lançant la tête contre l'un et l'autre roi; et il disparut après que les deux monarques eurent mis l'épée à la main. Les deux armées ayant vu leurs rois en cette posture, commencèrent à s'ébranler comme à un signal donné, et peu s'en fallut qu'elles n'en vinssent à une rude mêlée, quoique chacun des rois fit signe aux siens de s'arrêter.

Serpens d'Exagon.

Strabon remarque qu'il y avait dans la ville de Parium, près de Lampsaque, sur les confins de l'Hellespont, une certaine race de gens qu'on nommait *Ophiogenètes*, qui guérissaient par leur attouchement et en suçant le poison des malades, les morsures des serpens et de tous les autres reptiles venimeux ; il ajoute qu'il n'y avait que les mâles de ces familles qui eussent cette vertu. Varron dit aussi que, parmi les Marses et les *Psylles*, peuples d'Afrique, il y a des hommes qui, avec leur salive ou leur haleine, endorment et font crever les serpens. Ce qu'il y a de plus singulier, c'est que les gens de cette race croient que cette vertu leur est si particulière, que c'est à cela qu'ils reconnaissent si leurs enfans sont légitimes. Dès le moment que leurs femmes sont accouchées d'un enfant mâle, ils le portent aussitôt, nu, au milieu des serpens, et ils le laissent ainsi exposé tout le jour ; puis, revenant le lendemain, s'ils trouvent qu'ils en ont été mordus, ils les rejettent comme des bâtards, et punissent leurs femmes comme des adultères. Si, au contraire, ils voient quelques serpens crevés autour d'eux, ou qui n'osent en approcher, ils reconnaissent ces enfans pour légitimes.

Pline dit qu'on trouve aussi des *Ophiogenètes* dans l'île de Chypre, et il raconte à ce sujet une histoire fort singulière, qu'il assure être de notoriété publique. Exagon ayant été envoyé en ambassade à Rome par les habitans de l'île de Chypre, les consuls, pour éprouver si ce qu'il disait sur le pouvoir que ceux de sa race avaient sur les animaux venimeux était vrai, remplirent un tonneau de serpens, d'aspics, de vipères et de scorpions, et l'enfermèrent dedans avec eux; mais ces animaux, au lieu de le piquer et le mordre, se mirent à le lécher et à tourner autour de lui comme pour e flatter.

Serpent vivant dans le corps d'un homme.

On lit dans les *Éphémérides des Curieux*, pour l'année 1675, qu'un cordonnier ressentait, depuis nombre d'années, de très vives douleurs au bas-ventre, sans qu'aucun des remèdes qu'on lui administra pût le soulager. Dans un moment de désespoir, il se donna un coup de tranchet, et se fit une large plaie au-dessous de l'estomac, dont il mourut. On se disposait à l'enterrer, et il était déjà renfermé dans son cercueil, lorsqu'une personne, curieuse de considérer cette plaie, leva la planche de dessus. Elle trouva à côté du cadavre un serpent de la longueur du bras et de la grosseur de deux travers de doigts. Il était sorti par l'ouverture de la plaie, et il vécut encore quatre jours.

Singe prédicateur.

Le Père Cabassou avait élevé un petit singe qui s'affectionna tellement à lui, qu'il ne le quittait jamais ; de sorte qu'il fallait l'enfermer avec soin toutes les fois que le père allait à l'église. Il s'échappa une fois, et étant allé se cacher au-dessus de la chaire du prédicateur, il ne se montra que quand son maître commença à prêcher. Pour lors il s'assit sur le bord, et regardant les gestes que faisait le prédicateur, il les imitait dans le moment avec des grimaces et des postures qui faisaient rire tout le monde. Le P. Cabassou, qui ne savait pas le sujet d'une pareille immodestie, entreprit d'abord l'auditoire avec assez de douceur ; mais, voyant que les éclats de rire augmentaient au lieu de diminuer, il entra dans une sainte colère. Ses mouvemens, plus animés qu'à l'ordinaire, firent augmenter les postures et les grimaces du singe et le rire de l'assemblée. A la fin, quelqu'un avertit le prédicateur de regarder au-dessus de sa tête ce qui s'y passait : il n'eut pas plus tôt aperçu le manége de son singe, qu'il ne put s'empêcher de rire comme les autres ; et comme il n'y avait pas moyen de prendre cet animal, il aima mieux abandonner le reste de son discours, n'étant plus en état de continuer, ni les auditeurs de l'écouter.

Le Singe du cardinal Mazarin.

Le cardinal Mazarin était réduit presque à l'extrémité par un abcès à la gorge, qu'on ne pouvait parvenir à faire crever. Un jour il se trouvait tellement abattu que ses domestiques crurent qu'il était mort. Les drôles voulant profiter de la circonstance, firent main basse sur tout ce qui était à leur convenance : l'un s'emparait du linge, l'autre cherchait l'argent, un autre les bijoux; en un instant les armoires furent visitées et mises à contribution; c'était à qui travaillerait le plus lestement.

Au bruit que firent mes coquins, le pauvre malade ouvrit les yeux, et vit tout ce manége. Un singe qu'il aimait beaucoup, et qui se trouvait en ce moment près de son lit, voyant la grande expédition qui se faisait, se mit de la partie. Il endossa vite les habits du ministre, et, pour imiter ceux qu'il voyait travailler de si bon cœur, il fourra dans ses poches tout ce qui lui tomba sous la patte. Ce singe provoqua tellement le rire du cardinal par la singularité de son accoutrement et par l'ardeur et l'activité qu'il mettait dans sa participation au pillage, qu'il lui fit faire un effort considérable. Ce jeu violent des poumons produisit l'effet que n'avaient pu obtenir les médecins; l'abcès creva, et le malade fut bientôt guéri.

Singe aimant.

Un vaisseau hollandais apporta au Stathouder un singe et sa femelle de la plus belle espèce. Ces deux animaux furent placés dans une des salles du palais. Ils vivaient dans une si parfaite intelligence, qu'ils étaient dignes de servir de modèles à toutes les sociétés conjugales. Le mâle était attentif, caressant; la femelle, douce, reconnaissante. Des familiers du palais observaient ce couple avec plus de curiosité que d'intérêt, et il leur rendait indifférence pour indifférence. Mais un M. Testart ne venait jamais le visiter sans lui apporter des noix ou des fruits qui étaient fort de son goût. Si le mari les recevait le premier, il en faisait part à sa compagne; si c'était à celle-ci qu'ils étaient adressés, elle trouvait bon qu'il en prît la moitié. Le généreux bienfaiteur était toujours accueilli avec les signes de l'allégresse ; du plus loin que le couple l'apercevait, des cris de joie et des sautillemens multipliés l'invitaient à s'approcher.

L'impitoyable Mort sépare les meilleurs époux. Un jour notre singe eut le malheur de voir à son réveil sa femelle immobile. Il s'en approche, il la presse de ses bras; mais il ne peut en obtenir un seul soupir: il s'abandonne alors à une telle douleur, que ses gardiens se hâtent d'enlever l'objet de ses regrets. Le lendemain, M. Testart paraît. Plus de cris, plus de sauts. Étonné de l'accueil qu'il éprouve, il en cherche la cause. On lui apprend le malheur qui plonge dans le deuil l'animal languissant qu'il aperçoit. Il va à lui pour soulager sa douleur, l'appelle du nom qu'il lui donnait, lui présente quelques noix : le triste veuf lui fait signe de la main qu'il n'en veut point. Les gardiens commencent à s'alarmer en voyant cet animal s'obstiner à ne prendre aucune nourriture. Ils redoublent d'efforts pour exciter son appétit : leur zèle est superflu. Ce bon et fidèle mari ne veut plus exister, puisqu'il a perdu celle qui charmait sa captivité ; et il meurt victime de l'amour conjugal.

Un époux si rare dans toutes les espèces

méritait d'être conservé. Aussi a-t-il été injecté avec soin, et depuis transporté en France. Il figure aujourd'hui dans l'une des divisions de notre magnifique collection d'histoire naturelle, au cabinet du Jardin des Plantes, où M. Testart l'a reconnu, et a rapporté cette anecdote.

Singes d'Alexandre-le-Grand.

L'aventure qui arriva aux troupes d'Alexandre à l'occasion de ces animaux est singulière. Elles se trouvèrent dans des montagnes où il y avait beaucoup de singes, et l'on y campa la nuit suivante. Le lendemain, quand l'armée se mit en marche, elle aperçut à quelque distance une quantité prodigieuse de singes qui s'étaient assemblés et rangés par escadrons. Les Macédoniens, qui ne pouvaient rien soupçonner de pareil, crurent que c'était l'ennemi : on sonna la charge ; chacun se mit sous les armes et se disposa au combat. Mais Taxile, prince du pays, qui s'était déjà rendu à Alexandre, lui dit ce que c'était que cette armée prétendue, et qu'il lui suffisait d'avancer pour la mettre en fuite.

Singe acteur.

L'ambassadeur du Czar étant à Pékin, il vint plusieurs charlatans avec des singes auxquels on avait appris des tours fort étranges, et qu'on leur fit faire en présence de l'ambassadeur. On remplissait un panier d'habits de toutes sortes de couleurs, tels que d'Arlequin, de Pierrot, de Polichinelle, etc. Un singe les tirait successivement, et s'en revêtait au simple commandement de son maître, sans se tromper jamais sur le choix de celui qu'on lui ordonnait de prendre, et conformait ses gestes et ses grimaces à l'habit qu'on lui faisait choisir; ensuite il dansait à terre ou sur la corde, en faisant des tours fort réjouissans.

Singe revenant.

Vordac, dans ses *Mémoires*, raconte qu'étant à Plaisance, il alla dans une hôtellerie dont le maître avait perdu sa mère la nuit précédente. Ce maître ayant envoyé un de ses domestiques pour chercher quelques linges dans la chambre de la défunte, celui-ci revint hors d'haleine, en criant qu'il avait vu sa dame, qu'elle était revenue et couchée dans son lit. Un valet fit l'intrépide, y alla, et confirma la même chose. Le maître du logis voulut y aller à son tour, et se fit accompagner de sa servante. Un moment après, il descendit, et cria à ceux qui logeaient chez lui : « Oui, Messieurs, ma pauvre mère Étienne Hane, je l'ai vue ; mais je n'ai pas eu le courage de lui parler. »

Vordac prit un flambeau, et, adressant la parole à un Dominicain qui était de la compagnie : « Allons, mon père. — Je le veux bien, répondit le moine, pourvu que vous passiez le premier. » Toute la maison voulut être de la partie : on les suivit, on entra dans la chambre; on tira les rideaux du lit. Vordac aperçut la figure d'une vieille femme noire et ridée, assez bien coiffée, et qui faisait des grimaces ridicules. On dit au maître de la maison d'approcher pour voir si c'était sa mère. « Oui, c'est elle : ah! ma pauvre mère! » Les valets crièrent de même que c'était leur maîtresse.

Vordac dit alors au Dominicain : « Vous êtes prêtre; interrogez l'esprit. » Le prêtre s'avança, interrogea la morte, et lui jeta de l'eau bénite sur le visage. L'esprit, se sentant mouillé, sauta sur le Dominicain, et le mordit. Alors tout le monde s'enfuit. L'esprit et le Dominicain, se débattant ensemble, la coiffure tomba à terre, et Vordac vit que c'était un singe.

Ce singe avait souvent vu sa maîtresse se coiffer : ayant trouvé sa coiffure, il l'avait mise, et ensuite s'était couché dans le lit où elle était morte.

Singe devin.

Le père Catrou, jésuite, dans son *Histoire du Mogol*, rapporte ce fait singulier. Un charlatan avait un singe d'une sagacité surprenante à découvrir les choses les plus secrètes. L'empereur Gehanguir fit écrire, sur douze papiers séparés, les noms des douze principaux législateurs, de Moïse, de Jésus-Christ, de Mahomet, de Brama, enfin, de tous ceux qu'on honore aux Indes. On mêla les billets dans un vase, et on commanda au singe de tirer le nom de celui dont la religion était véritable. Le singe adressa juste, et tira le nom de Jésus-Christ. Gehanguir ordonna encore qu'on écrivît une seconde fois les noms des législateurs en caractères de chiffres, dont il usait pour donner des ordres à ses ambassadeurs. Le singe choisit encore le nom du dieu des chrétiens, le tira du vase et le baisa. Mais la surprise devint encore bien plus grande, et se changea en admiration après le troisième prodige. L'empereur mit en secret le nom de Jésus-Christ entre les mains d'un de ses courtisans, et n'en mêla que onze dans le vase. Le singe les mania tous et n'en tira aucun : puis, s'avançant près du courtisan, à qui on avait mis dans la main le nom de Jésus-Christ, il lui desserra les doigts et lui arracha le billet. Ce fait paraît d'autant plus vrai, qu'il est attesté par un auteur protestant, *Thomas Bhoë*.

Singes du grand Frédéric.

Frédéric II, roi de Prusse, avait dans sa jeunesse une troupe de singes dont l'allure le divertissait. Son esprit, naturellement critique, se découvrait dans cet amusement. Chaque singe portait un nom connu. L'un était le conseiller N**, l'autre son chancelier, celui-là son chambellan, celui-ci son contrôleur des finances, etc., etc. Enfin, sa cour de singes ressemblait, disait-il, à celle de bien d'autres princes, et il l'appelait la cour de *Frédéric I*er.

Un jour, l'un de ses conseillers quadrupèdes s'étant caché, Frédéric, qui le cherchait partout, ne le trouvant point dans sa chambre, pense qu'il est dans la pièce voisine, ouvre la porte en disant assez haut: « Monsieur le conseiller, Monsieur le conseiller, où êtes-vous donc? «Un vrai conseiller de son père, qui se trouvait précisément là, croit que c'est lui que le prince appelle, et vient à lui. « Entrez, entrez toujours, lui dit Frédéric, c'est la même chose. »

Pudeur d'un Orang-outang.

En 1740, il y avait à la foire Saint-Laurent, à Paris, un orang-outang que ses maîtres disaient âgé de quatorze ans, et qu'ils appelaient *Kimpezé*. Cet animal était fort doux et n'était pas moins obéissant : Il se tenait facilement et presque toujours debout. MM. Arnauld de Nobleville et Salerne, fameux médecins d'Orléans, rapportent, dans leur *Histoire naturelle des Animaux*, qu'ils ont remarqué dans cet animal des vrais signes de pudeur. Le possesseur de ce singe, disent ces médecins, nous ayant appris que c'était un mâle, un de la compagnie s'avisa de le toucher pour mieux s'assurer de ce fait ; mais l'animal ne perdit point de tems, il lui appliqua à l'instant même un bon soufflet. Comme il appréhendait d'être châtié par son maître, Il se mit à joindre les mains, criant et pleurant à peu près dans la posture d'un enfant qui demande pardon. Cette posture de suppliant et les représentations des assistans, ajoutent MM. Salerne et de Nobleville, ne purent empêcher le maître de le battre rudement; et le pauvre orang-outang, pour esquiver les coups, prit le parti de s'enfuir en courant à quatre pattes, comme s'il eût éte un singe ordinaire.

Les Singes de Guzarate.

Dans les provinces de l'Inde habitées par les Brames, où l'on épargne la vie de tous les animaux avec l'attention la plus scrupuleuse, les singes, plus respectés encore que tous les autres, sont en nombre infini; il viennent en troupes dans les villes, ils entrent dans les maisons à toute heure, en toute liberté; en sorte que ceux qui vendent des denrées, et surtout des fruits, des légumes, etc., ont bien de la peine à les conserver. Il y a dans Amadabad, capitale de Guzarate, deux ou trois hôpitaux d'animaux, où l'on nourrit les singes extropiés, invalides, et même ceux qui, sans être malades, veulent y demeurer. Deux fois par semaine, les singes du voisinage de cette ville se rendent d'eux-mêmes tous ensemble dans les rues; ensuite ils montent sur les maisons qui ont chacune une petite terrasse, où l'on va coucher pendant les grandes chaleurs : on ne manque pas de mettre ces deux jours-là, sur ces petites terrasses, du riz, du millet, des cannes à sucre, dans la saison, et autres choses semblables; car si, par hasard, les singes ne trouvaient pas leur provision sur ces terrasses, ils rompraient les tuiles dont le reste de la maison est couvert, et feraient un grand désordre.

Le Singe de Rembrant.

Rembrant avait un singe qu'il aimait beaucoup. Un jour qu'il s'occupait à peindre une famille entière dans un même tableau, et que son ouvrage était sur le point d'être fini, on vint lui annoncer la mort de son singe : sensible à cette perte, il se le fit apporter; et, sans aucun égard pour les personnes qu'il peignait, il traça le portrait de l'animal sur la même toile. Cette singularité déplut, avec raison, à ceux pour qui le tableau était destiné; mais il ne voulut jamais l'effacer : il aima mieux ne pas vendre son tableau.

Le Singe de Charles-Quint.

La Mothe-le-Vayer rapporte qu'en Guinée il y a des singes qui jouent de la flûte et de la guitare dans la dernière perfection.

Le père Hardoin, jésuite, rapporte que Charles-Quint en avait un qui jouait aux échecs. Un jour, cet animal l'ayant fait échec et mat, l'empereur fut si piqué, qu'il lui donna un soufflet. Le singe ne voulait plus batailler avec un aussi rude joueur que ce prince. Enfin une autre fois, faisant la partie avec l'empereur, et étant encore sur le point de le faire échec et mat, il se souvint si bien du soufflet qu'il avait reçu en pareille circonstance, qu'il eut la précaution de se couvrir auparavant la tête d'un coussin qui se trouvait près de lui. Charles-Quint ne put s'empêcher de rire de cette prévoyance de son singe.

Il paraît que le jeu des échecs est fort ancien; car Mucianus, cité par Pline, parle de différens singes qui avaient le talent de jouer cette partie.

Singe rusé.

L'auteur du *Traité de l'Education des Animaux*, raconte d'un singe ce trait bien singulier. Son maître qui était Arabe, lorsqu'il sortait, avait habitué ce petit animal à se tenir dans la cuisine et à garder le coin du feu, pour empêcher les faucons, très-communs dans ce pays, de prendre quelque-chose. Il arriva un jour que l'Arabe, après avoir mis au pot un morceau de viande, sortit, et fut très-longtemps avant de revenir; de sorte que le pot ayant trop bouilli, la viande demeura toute découverte Un faucon, qui était aux aguets sur le haut de la cheminée, aperçut cette viande; elle lui fit envie; il hasarda de l'enlever; il y réussit, et l'emporta par la cheminée. Le singe, se voyant attrapé, se mit à regarder tristement en haut, comme s'il eût raisonné en lui-même sur le mauvais traitement que son maître pourrait lui faire à son retour, pour s'être ainsi laissé duper : il tâcha d'éviter le châtiment par quelque tour d'adresse. Il raisonna à peu-près de cette manière :

Sans doute, dit-il intérieurement, celui qui m'a joué ce tour, après avoir mangé sa proie, ne manquera pas de revenir pour voir s'il n'y en a pas une nouvelle; il faut que je lui tende quelque embuscade pour l'attraper. Pour cet effet, comme il n'y avait plus de feu, cet animal se mit dans le pot, en tournant en haut ses fesses pelées; il ne douta pas que le faucon ne les prît pour un morceau de viande : l'oiseau ne tarda pas beaucoup à revenir, ainsi que l'avait prévu notre petit singe : regardant du haut de la cheminée, il vint fondre sur ce qu'il voyait dans le pot; mais le singe, se tournant habilement, saisit le faucon, lui tordit le cou et le mit dans le pot. Au retour du maître, le singe tira le faucon du pot, se mit dedans en la même posture qu'il s'y était mis la première fois, et montra, par ses gestes, comment le faucon avait dérobé la viande, et la méthode dont il s'était servi pour l'attraper et pour le mettre à son tour dans le pot. On pense bien que l'Arabe ne put s'empêcher de pardonner à son singe d'avoir laissé emporter son dîner.

L'interprète du consul Torelli, de qui on tient cette histoire, connaissait l'Arabe maître de ce singe.

La Souris du baron de Trenck.

Aristote dit qu'ayant mis une souris pleine dans un vase à serrer du grain, il s'y trouva peu de tems après cent vingt souris toutes issues de la même mère.

Le baron de Trenck, qui a joui de quelque célébrité par ses malheurs et sa longue captivité, était parvenu à apprivoiser une souris à un tel point, qu'elle venait aussitôt qu'il l'appelait, et qu'elle mangeait dans sa main. Une nuit que le baron avait fait quelque bruit, la garde fut alarmée; car on se souvenait qu'à l'aide de son couteau seul, il avait scié ses chaînes et qu'il avait ouvert quatre portes de sa prison. La garde avertit donc sur-le-champ l'officier, qui s'empressa de faire les recherches les plus minutieuses. Le plancher, les portes, les murs, les chaînes du prisonnier, ses vêtemens, tout fut sévèrement examiné; mais rien n'était dérangé et tout se trouvait en bon état.

On lui demanda la cause du bruit que l'on avait entendu; il raconta naïvement l'histoire de sa souris qu'il avait perdue, et qu'il avait enfin retrouvée après s'être donné beaucoup de mouvement pour la chercher autour de lui. On lui dit de la faire venir. Au premier appel, elle accourt et saute sur son épaule. Alors l'officier de garde s'en empara, pour en faire présent à quelqu'un. La souris, qui ne reconnut point cet homme pour son maître, s'enfuit soudain, retourna à la porte du cachot, et s'y blottit en dehors dans un coin jusqu'à ce qu'on l'ouvrît.

L'heure de la visite étant arrivée; on n'eut pas plus tôt ouvert la porte du cachot, que la souris rentra et courut droit à son maître, à qui elle manifesta une joie extraordinaire. Le major, informé du retour de la souris, donne ordre qu'elle lui soit remise, et de peur qu'elle ne lui échappe cette fois-ci, il lui fait fabriquer une jolie cage pour la tenir renfermée. Dès le moment que le pauvre petit animal se vit ainsi captif et loin de son ami, il ne voulut prendre aucune nouriture; il mourut de faim et de tristesse le troisième jour de sa captivité, et de sa cruelle séparation d'avec son maître désolé.

Procès d'un Taureau.

Quelques voyageurs rapportent qu'en Afrique, sur le haut des montagnes, on attache des lions en croix pour servir d'exemple aux autres. Les juges du comté de Valois firent le procès à un taureau qui avait tué un homme d'un coup de corne, et le condamnèrent, sur la déposition des témoins, à être pendu. La sentence fut confirmée par arrêt du parlement, le 7 février 1314.

Tigre apprivoisé.

Le tigre, lorsqu'il est pris jeune, devient jusqu'à un certain point, susceptible de s'apprivoiser et d'obéir à ses gardiens. On en voit un à la Tour de Londres, qui a été amené du Bengale en 1793. Tout le tems de la traversée pour l'Angleterre, cet animal montra le naturel le plus doux, et parut aussi innocent qu'un petit chat; il souffrait quelquefois que deux ou trois matelots reposassent leur tête sur son corps comme sur un oreiller. Il grimpait aussi fort souvent le long de la mâture du vaisseau, de la manière la plus divertissante; et un jour qu'il fut battu par le charpentier du navire, pour avoir dérobé un morceau de bœuf, il endura ce châtiment avec la patience d'un chien de chasse. Ce charpentier vint le voir à la Tour après une absence de plus de deux ans. Le tigre, qui le reconnut parfaitement, alla et revint dans sa cage en se frottant contre ses barreaux, et parut très satisfait. Malgré l'invitation que le gardien fit au charpentier de ne pas s'exposer imprudemment à quelque danger, cet homme le pressa tellement de lui ouvrir la porte, qu'à la fin il le laissa entrer.

L'animal parut éprouver des émotions qui tenaient de la plus vive reconnaissance; il se frotta contre lui, lécha ses mains, lui fit des caresses à la manière des chats, et ne tenta en aucune façon de lui faire du mal. L'homme resta avec lui pendant plus de deux ou trois heures, et s'aperçut enfin qu'il éprouverait quelques difficultés à sortir seul de la loge. Telle était l'affection de l'animal pour son ancienne connaissance; il se tenait si près de sa personne, que le charpentier voyait l'impossibilité la plus absolue de s'en aller. A la fin cependant il parvint à faire entrer le tigre dans le passage qui sert de communication aux deux loges, et le gardien, saisissant cette occasion, tira adroitement la coulisse, et vint à bout de séparer le tigre du charpentier.

Le Tigre de Schœnbrunn.

A la ménagerie de Schœnbrunn, le tigre mâle du Bengale qui s'y trouve est ordinairement nourri avec de la viande de boucherie; mais lorsqu'il a sa maladie ordinaire (une espèce d'ophtalmie), on lui donne de jeunes animaux vivans, dont le sang chaud contribue à le guérir. On lui jeta un jour un chien de boucher. Dans ce moment, le tigre était accroupi, et sa tête reposait sur ses jambes de devant. Le chien, revenu de son premier effroi, s'approcha et commença à lui lécher les yeux. Le tigre s'en trouva si bien, qu'oubliant sa passion pour le carnage, non seulement il épargna l'animal, mais il lui témoigna même sa reconnaissance par des caresses. Le chien, entièrement revenu de sa crainte, continua de le lécher, et en peu de jours le tigre se trouva guéri. Depuis ce moment, les deux animaux vivent dans l'intimité la plus parfaite. Ce tigre a encore plus de déférence que nos lions; car, avant de toucher à sa nourriture, il attend toujours que son compagnon se soit rassasié avec les meilleurs morceaux.

La Tortue de Rameau.

Le célèbre musicien Rameau, allant un jour dîner chez l'auteur Delaplace, dans une petite maison à la barrière Blanche, fut surpris, en entrant dans le jardin, de le voir suivi par deux très grosses tortues qu'il avait apprivoisées. Après en avoir marqué tout son étonnement : « Parbleu! s'écria-t-il, je voudrais bien savoir si ces animaux, aussi stupides que lourds, seraient susceptibles de quelque espèce de sensibilité pour la musique ? » M. Delaplace ne répondit point à la question; et le dîner étant servi, on n'eut rien de plus pressé que de s'aller mettre à table.

Au moment où fut servi le dessert, Rameau, aussi vif que curieux, à la vue d'un grand plat couvert et enveloppé dans une serviette nouée, fixe les yeux sur cet objet intéressant pour lui, ne fût-ce, disait-il, qu'à titre de nouveauté. Cédant bientôt au désir d'en pénétrer le mystère, il alonge les bras, et se hâte de dénouer la serviette, sous laquelle il découvre, quoi?.. la plus grosse des deux tortues du jardin, c'est-à-dire le mâle, nommé *Colas*, très vivant, et qui le fait reculer avec une espèce d'effroi. On sent tout ce que dut produire sur les convives ce prétendu tour de carnaval (où l'on était alors), et surtout les éclats de rire dont le pauvre gourmand, confondu, se voyait avec quelque dépit, le digne objet.

Dès que le calme renaquit dans l'assemblée : « Mon ami, lui dit M. Delaplace, cette plaisanterie doit d'autant moins vous fâcher, que vous-même en avez fait naître l'idée en paraissant douter qu'une tortue pût être, jusqu'à un certain point, sensible à la musique. » Puis, s'adressant à l'un des convives dont la voix sonore, ainsi que le goût du chant étaient généralement connus : « Que M. Barbaud, continua M. Delaplace, daigne mettre, vis-à-vis de son couvert, un genou en terre, et, dans cette posture, chanter d'abord à quart de voix l'air si fort en vogue aujourd'hui : *Tout ce qui respire, reconnaît l'empire du charmant Amour ;* et nous verrons ce que la tendre mélodie de ce morceau de musique pourra causer sur les sens du gros et stupide *Colas.* »

A cette proposition, généralement accueillie, M. Barbaud, agenouillé et le menton au niveau de la table, entonne affectueusement l'air proposé. *Colas*, après avoir écouté quelques instans, sort la tête hors de sa coquille, la tourne du côté du moderne Orphée, le regarde, allonge le cou, et lui prête une attention si marquée, que toute la société en fut dans l'étonnement. Rien n'était curieux comme d'observer tout ce que l'expression des sentimens qui animaient alors Rameau avait de frappant et d'énergique.

Mais quels transports ne fit-il pas éclater, lorsque M. Barbaud, ayant enfin déployé toute sa voix au passage de l'air : *Reconnaît l'empire du charmant Amour*, on vit *Colas* quitter son plat et courir, autant que peut courir une tortue, jusqu'à la bouche d'où partaient ces sons, et y rester fixé dans une espèce d'extase? « Il aime la musique, Messieurs! il aime la musique! » s'écria Rameau, les yeux baignés de larmes ; et, dans l'enchantement de son âme, il courut à l'animal, le serra dans ses bras, en le comblant de caresses.

Tortue d'Eschyle.

Valère-Maxime rapporte que le poète Eschyle étant un jour à la campagne, un aigle, qui avait enlevé une tortue, ne pouvant tirer la chair cachée sous l'épaisseur de l'écaille, la laissa tomber sur la tête chauve du poète, qu'il prit pour la pointe d'un rocher, et le tua ainsi. Ce qui vérifia un oracle qui lui avait été rendu à

Delphes, qu'il périrait par la chute d'une maison.

Tortues extraordinaires.

M. de la Font, ingénieur en chef à Nantes, envoya à M. de Mairan la relation d'une tortue extraordinaire prise dans des filets vers l'endroit appelé *la Pierre-Percée*, au nord de l'embouchure de la Loire, à treize lieues de Nantes. Dès qu'elle fut dans les filets, elle se tortilla en se débattant, de façon à leur faire faire plusieurs fois le tour de son corps; ce qui les sauva d'être mis en pièces par l'animal, et lui ôta le moyen de s'en dégager. Les pêcheurs, qui ne voulaient principalement que retirer et conserver leurs filets, eurent beaucoup de peine à les mettre à terre sur des roches; ils furent effrayés de la grandeur de cette tortue, et encore plus des cris horribles qu'elle poussait. On entendait ses hurlemens d'un quart de lieue. Cet animal avait sept pieds un pouce de long, trois pieds sept pouces de large, et deux pieds d'épaisseur.

Guillaume Dampier, dans son *Nouveau Voyage autour du Monde*, dit qu'il a entendu parler d'une tortue verte monstrueuse, qu'on prit à Port-Royal, dans la baie de Campêche, qui avait quatre pieds du dos au ventre, et six pieds de ventre en largeur. Le fils du capitaine Roch, de l'âge d'environ neuf ou dix ans, entrait dans l'écaille de cette tortue comme dans un bateau, et allait au vaisseau de son père à environ un quart de mille au large.

Diodore de Sicile nous apprend que les Chelonophages, peuples voisins de l'Éthiopie, se servent des écailles de tortue en guise de barques.

Solin dit que, dans la mer des Indes, il y a des tortues si grandes, que les Indiens construisent leurs maisons avec deux écailles de ces animaux.

Suivant le rapport de Jean de Laet, les tortues croissent dans l'île de Cuba au point de pouvoir porter cinq hommes sur leur dos.

Le père Labat rapporte qu'il s'est donné quelquefois le plaisir de se mettre, avec un second, sur le dos d'une tortue, et que cet animal les portait sans peine, et même assez vite.

La Tortue de la Chine.

Un des anciens rois de la Chine, accompagné d'une foule de peuple, vit un jour sortir de la mer une tortue, sur le dos de laquelle étaient écrites les lois qui sont aujourd'hui la base du gouvernement chinois. Il est probable que ce monarque législateur avait profité du moment où cette tortue était venue à terre reconnaître le lieu où elle devait faire sa ponte, pour écrire sur son dos les lois qu'il voulait établir; et qu'il saisit pareillement le jour où cet animal, d'après la reconnaissance qu'il avait faite, revint au même lieu pondre ses œufs, pour persuader à un peuple simple, que des lois qui sortaient du sein de la mer, et qui étaient écrites sur des tablettes aussi merveilleuses, devaient être à jamais respectées.

Les Tourterelles de Marguerit.

Pedro Marguerit, étroitement bloqué dans le fort Isabelle, à Saint-Domingue, était réduit, avec toute sa garnison, à la plus affreuse disette, lorsqu'un Indien lui apporta deux tourterelles en vie. Marguerit les reçoit, les paie, et prie une partie de la garnison de monter avec lui au lieu le plus élevé de la citadelle. « Messieurs, leur dit-il, en tenant dans sa main les deux tourterelles, je suis bien fâché qu'on ne m'ait pas apporté de quoi vous régaler tous; mais je ne puis me résoudre à faire un bon repas, tandis que vous mourez de faim. » En achevant ces mots, il donna la liberté aux deux tourterelles.

Le Turbot de Domitien.

L'auteur du poème de *la Gastronomie*, rapporte le trait suivant, cité par Juvénal. « Domitien convoqua un jour le sénat pour savoir en quel vase on cuirait un turbot monstrueux dont on lui avait fait présent. Les sénateurs examinèrent gravement cette affaire. Comme il ne se trouva point de vase assez grand, on proposa de couper le poisson par morceaux : cet avis fut rejeté. Après bien des délibérations, on décida qu'il fallait construire un vase exprès; et il fut réglé que, quand l'empereur irait à la guerre, il aurait toujours à sa suite un grand nombre de potiers de terre. Ce qu'il y a de plus plaisant, c'est qu'un sénateur aveugle parut extasié à la vue du turbot, et ne cessa d'en faire l'éloge, en fixant les yeux du côté où le poisson n'était pas. »

Chez les Romains, lorsqu'on servait à table un poisson rare, on l'apportait au son des flûtes, des hautbois, et on le recevait avec des battemens de mains et des acclamations.

Les Truites du château Saltzbourg.

Le docteur Georges Serger (auteur d'une dissertation sur l'organe de l'ouïe dans les poissons, insérée dans les *Éphémérides d'Allemagne*), dit que, se promenant un jour avec quelques-uns de ses amis dans le beau jardin de l'archevêque de Saltzbourg, le jardinier les conduisit auprès d'une pièce d'eau très claire, dont le fond était pavé en pierres de diverses couleurs, et dans laquelle ils ne virent d'abord aucun poisson ; mais aussitôt que cet homme eut sonné une petite cloche, une grande quantité de truites vinrent de tous les côtés de l'étang prendre ce que le jardinier leur avait apporté, et disparurent aussitôt qu'elles eurent tout avalé. Le jardinier assura la compagnie qu'il avait fait de même toutes les fois qu'il voulait leur donner à manger. En revenant de leur promenade dans le jardin, ils retournèrent auprès de l'étang, et eurent encore le plaisir de voir toutes les truites se rassembler au son de la cloche.

Dans plusieurs pays, les souverains se sont réservé le droit exclusif de la pêche des truites, et ils ont défendu à qui que ce soit d'en prendre, sous des peines graves. En Saxe, on emprisonne ceux qui enfreignent cette défense; dans d'autres provinces d'Allemagne, on leur coupait autrefois une main; et dans le royaume de Congo, sur la côte d'Afrique, le délinquant est puni de mort.

Vaches des Indiens.

Tertullien nous apprend qu'Asclépiade,

philosophe cynique, parcourut toute la terre, monté sur le dos d'une vache, dont il prenait le lait pour toute nourriture.

Les Indiens portent un grand respect à la vache, par l'idée qu'ils ont que, pour parvenir à la béatitude, ils seront, dans l'autre vie, obligés de traverser un grand fleuve en tenant la queue d'une vache qui nagera devant eux; et c'est un grand bonheur, chez eux, que de mourir une queue de vache à la main. La cendre de fiente de vache, dans leur pays, est sacrée; ils s'en mettent tous les matins au front, sur la poitrine et aux deux épaules; ils croient qu'elle purifie l'âme; et leurs moines, les bramins, en mêlent pendant leur noviciat dans tout ce qu'ils mangent. Saint-Foix rapporte qu'il y a chez les Banians l'ordre de la Queue-de-Vache. Le roi, après l'avoir passée au cou de celui qu'il honore de cette marque de distinction, l'embrasse en lui disant : « Aimez les vaches, aimez les moines. »

La bonne Vache.

Dans le mois de pluviose an 8, plusieurs habitans des campagnes voisines d'Auxonne avaient été attaqués par une louve affamée; une jeune fille avait même péri sous sa dent meurtrière. Un pâtre d'environ quatorze ans, qui devait être aussi sa victime, fut sauvé d'une manière bien extraordinaire. Ce petit garçon, nommé Fourcault, gardait un troupeau de vaches sur le territoire de Villiers-les-Pots, canton d'Auxonne. On sait que ces animaux, mus par l'instinct du danger commun, dont les menace l'aspect d'un loup, se réunissent et se serrent en une espèce de phalange circulaire, de telle manière qu'en présentant à l'ennemi les armes que la nature a distribuées sur leurs fronts, ils mettent à couvert la partie sans défense qui offre le plus de prise. — Les vaches que gardait Fourcault furent promptes à mettre en usage leur tactique naturelle, à l'instant où elles aperçurent la louve; mais ce n'était point à elles que la louve en voulait; c'est sur le jeune pâtre qu'elle se dirige; c'est lui que sa gueule menace; c'est cet enfant qu'elle saisit et qu'elle secoue violemment, comme pour le mettre en pièces. A cette vue, l'une des vaches se détache bientôt de la phalange, court à la louve, et en l'attaquant parvient à lui faire lâcher sa proie. L'enfant profite de la lutte qui s'engage entre son adversaire et sa libératrice pour se mettre en sûreté, s'il est possible ; la louve s'en aperçoit, écarte la vache et va se jeter encore sur Fourcault, qu'elle saisit et secoue comme la première fois. La vache se précipite de nouveau à la défense de l'enfant, et harcèle tellement la louve, que celle-ci est forcée de relâcher une seconde fois sa proie. Des habitans de Villiers-les-Pots survinrent à propos pour achever l'œuvre de la vache courageuse et bienfaisante. Ils mirent en fuite la louve, qu'une mort prochaine attendait dans la forêt de Long-Champ. Le jeune Fourcault en fut quitte pour quelques blessures, dont il est parfaitement guéri.

La Vache adroite.

« J'ai eu en Amérique, dit M. Dupont de Nemours, une petite vache assez laide, faible, délicate, mais ingénieuse, qui par son esprit et ses services, avait acquis une grande autorité sur tout le troupeau du hameau de Bergenpoint. Elle était désirée, attendue, respectée, chérie, obéie de ses compagnes bien plus fortes qu'elle, et traitée par le taureau avec une considération particulière. Elle devait son empire à ses bienfaits, à l'adresse avec laquelle elle savait procurer aux autres de très bons repas. En Amérique, où le bois abonde, on fait de bonnes clôtures à claire-voie, d'environ cinq pieds de hauteur, que les hommes montent et démontent facilement pour les travaux rustiques, et que les animaux ordinaires ne peuvent ni forcer ni démonter, quoique cela ne soit arrêté par aucun clou ni lien.

Mais la petite vache avait une intelligence très distinguée. Soit qu'elle eût compris la manœuvre des hommes pour ajuster les clôtures, soit que le désir, les tentatives et l'expérience eussent suffi pour l'éclairer, en quelques minutes elle démontait une barrière, et ouvrait une large porte par laquelle le troupeau, entrant dans le champ de maïs ou de froment, s'en donnait à cœur joie ; car les champs étant clos, on laisse le plus souvent vaguer les animaux sur les terres ouvertes.

Pour empêcher ce dégât, on enferma la petite vache. Les autres se rendaient en troupe contre les clôtures, l'appelant par leurs mugissemens, invoquant son génie, mais ne sachant pas en *imiter l'opération*. Si elle parvenait à s'échapper, par la négligence de la vachère, ou lorsqu'on la menait boire, elle courait au galop rejoindre ses amies, qui sautaient de joie la voyant, lui faisaient place avec tous les signes possibles d'estime et de reconnaissance. A l'instant elle était à l'œuvre ; ce n'était pas sans peine et sans perte qu'on chassait ensuite du champ envahi ces conquérans avides, dont les succès tenaient à l'habileté de leur *générale*.

Si cette petite vache était parvenue à communiquer son adresse à ses compagnes, il eût fallu abandonner, dans ce canton, le genre de clôture en usage en Amérique.

Vache nourrice.

Une belle-sœur du fameux horloger Lepaute fut mise en nourrice dans les environs de l'île Adam. Au bout de 3 ou 4 mois, sa mère va la voir. Quel est son étonnement, en entrant chez la nourrice, (qui était absente dans ce moment) de voir un second berceau avec un enfant qui pouvait avoir six semaines! « Ah! la malheureuse! dit cette mère; elle a pris un second nourrisson, et je la paie si libéralement! »

Elle se rend chez le curé du village, qui avait coutume de lui donner des nouvelles de l'enfant. « Madame, lui dit cet homme respectable, si votre enfant ne se trouvait parfaitement bien, je vous en aurais prévenue. Je vois que vous n'êtes pas instruite de ce qui a lieu; je vais me rendre avec vous dans la maison où est votre enfant : vous saurez comment tout s'est passé. »

La nourrice était de retour. La mère, en colère, lui fait mille reproches sur sa conduite. « Apaisez-vous, lui dit cette femme ; je ne suis pas si coupable que vous le pensez. Voici le fait. Quelque tems après que je fus avertie que je nourrirais votre enfant, je reconnus que j'étais enceinte. Après avoir réfléchi, je me décidai à ne point perdre l'occasion d'élever votre enfant; en conséquence, lorsque je le reçus de vos mains je vous cachai mon état; et, de retour ici, je lui donnai une nourrice qui me vaut bien, je vous assure. Vous allez en juger. »

Ayant appelé *Noirotte*, on vit entrer dans la salle une superbe vache. La paysanne mit l'enfant à terre sur un oreiller, et *Noirotte* s'avança aussitôt. Tremblante de frayeur, la mère allait saisir son enfant. « N'y touchez pas, Madame, dit la paysanne; *Noirotte* ne le souffrirait pas; elle est trop jalouse de son nourrisson pour le voir dans les bras de quelqu'un qu'elle ne connaît pas. » La vache s'approcha de l'enfant, lui passa une ou deux fois la langue sur le visage, puis se plaça de manière qu'il put téter à son aise.

La mère était immobile d'étonnement.

La franchise de la paysanne, et l'air de confiance de M. le curé, avaient calmé son courroux. « Madame, dit le pasteur, cette femme, en apportant ici cet enfant, vint me confier son projet pour l'élever; elle se jeta à mes genoux, en me conjurant de ne vous prévenir que dans le cas où l'enfant ne se trouverait pas bien. »

Il était impossible de voir un enfant d'une santé plus brillante. On le laissa donc dans cette maison, et *Noirotte* continua de lui donner son lait jusqu'à l'âge de deux ans et demi, qu'on le fit revenir dans la maison paternelle. Aujourd'hui cet enfant est une belle femme de cinq pieds cinq pouces, forte en proportion, qui n'a jamais été malade, et qui avait cette taille et cette force à l'âge de quinze ans. Mais ce qui est admirable de la part de *Noirotte*, sa nourrice, c'est que cette bonne vache, dès l'instant qu'elle ne vit plus son nourrisson, ne voulut plus manger, ni boire, ni dormir, et qu'elle dépérit à vue d'œil; elle beuglait sans cesse, et ne paraissait se ranimer que lorsqu'elle entendait la voix d'un enfant. Enfin, le chagrin consuma cette pauvre bête, et elle mourut peu de tems après.

Trouverait-on parmi les femmes beaucoup de nourrices aussi aimantes?

Vache aimante.

J'ai été témoin, dit M. Guer, dans son *Histoire critique de l'Ame des Bêtes*, du trait suivant.

« Nous nous promenions dans la campagne, le chevalier Despuèches, un de ses amis, et moi, lorsque nous vîmes un petit enfant qui, à grands coups de bâton, forçait une vache à continuer son chemin. Celle-ci faisait vingt pas, et revenait ensuite pour entrer dans une petite ruelle. « Elle a appartenu, nous dit-il, à un paysan dont la maison est dans cette ruelle, et qui l'a vendue il y a huit jours. La pauvre bête, depuis ce tems, ne mange presque pas, et chaque fois qu'elle passe près d'ici, elle s'échappe, et veut absolument retourner à son ancien gîte. »

« L'affection de cet animal pour son premier maître nous parut remarquable, et nous engagea à aller voir ces bonnes gens. Nous entrâmes dans une chaumière, et nous trouvâmes le père de famille couché sur un mauvais lit, où la paille lui servait de matelas. Nous demandâmes à la ménagère pourquoi elle avait vendu sa vache. Au seul nom de l'animal, la bonne femme se mit à pleurer, et nous dit, en sanglotant, que n'ayant pas de quoi soulager son mari, malade depuis long-tems, elle avait été forcée de vendre sa mère nourricière, chose d'autant plus affligeante, que cette vache leur était extrêmement attachée, et qu'elle se désespérait depuis qu'elle n'était plus avec eux.

« Ma bonne, dit le chevalier, ne pleurez plus. Le ciel nous envoie ici pour vous consoler. Voici de quoi racheter votre vache : allez la chercher sur-le-champ » Un tremblement de joie saisit cette femme. Elle n'avait la force ni de remercier, ni de parler ; mais elle eut celle de courir, et de revenir presque aussitôt avec le sujet de ses larmes et l'objet de ses désirs. La vache rentra sous nos yeux, mugissant d'allégresse, et marquant par ses sauts combien elle était contente de retrouver ses anciens maîtres.

La Vache de Fénélon.

Fénélon rencontra un jour dans les champs un pauvre villageois presque au désespoir : il alla à lui, lui parla avec bonté, et voulut savoir la cause de son affliction. « Ah ! mon bon Seigneur, s'écria le paysan, je suis le plus malheureux des hommes ; j'avais mené dans ces pâturages une vache qui était ma ressource et celle de ma famille ; je ne la trouve plus : qu'est-elle devenue ? Hélas ! que vais-je devenir moi-même ? — Je la chercherai avec vous, mon enfant, lui dit l'archevêque ; j'espère que Dieu bénira nos soins et nos recherches. Examinons d'abord par où elle aura pu s'échapper ; découvrons quelques-unes de ses traces ; et, encore une fois, confions-nous-en à la Providence, qui ne demande qu'à adoucir nos peines et à les faire cesser. »

Fénélon part aussitôt, court la campagne tout le jour, et ne revient à la ville qu'après avoir retrouvé et ramené dans son étable la vache qu'on pleurait et qu'on croyait perdue sans retour.

Ce trait d'une âme vraiment patriarchale, m'en rappelle un autre non moins admirable de la part d'un souverain. Alphonse V, roi d'Arragon, se trouvant éloigné de sa suite, rencontra un pauvre paysan bien embarrassé, parce que son âne, chargé de farine, venait de s'enfoncer dans la boue. Le prince descend aussitôt de cheval, et se met avec le paysan à tirer l'âne par la tête pour le faire sortir du bourbier. L'affaire était déjà faite, et le paysan remerciait Alphonse, qui était tout couvert de boue, lorsque les seigneurs de la suite du roi le joignirent. Le pauvre paysan, bien étonné de reconnaître son souverain dans l'homme obligeant qui l'avait secouru, tomba aussitôt à ses genoux. « Relevez-vous, mon ami, lui dit le prince; nous sommes hommes, et nous devons nous aider mutuellement. »

Vanneau familier.

On donna deux vanneaux (oiseaux de

la taille du pigeon) à un ecclésiastique, qui les mit dans son jardin. L'un mourut bientôt; mais l'autre vécut d'insectes qu'il trouvait abondamment, jusqu'à ce que l'hiver vînt l'en priver. La nécessité le contraignit de s'approcher de la maison, et il s'accoutuma peu à peu aux différens bruits qui s'y faisaient entendre. Un jour, un domestique ayant entendu son petit cri, qui semblait demander l'hospitalité, lui ouvrit la porte de l'arrière-cuisine. Il devint en peu de tems beaucoup plus familier, et le froid se faisant sentir davantage, il pénétra jusque dans la cuisine, non pas sans de grandes précautions, car elle était ordinairement habitée par un chien et un chat; mais il parvint à s'attirer leur affection, au point de venir régulièrement chaque soir s'établir au coin du feu, et d'y passer la nuit à côté d'eux. Aussitôt que le printems parut, il discontinua ses visites, et resta dans le jardin; mais à l'approche de l'hiver, il revenait toujours se réfugier dans la cuisine, et retrouver ses anciens amis, qui le recevaient cordialement. Il poussait la familiarité jusqu'à l'insolence; il s'arrogea, sans réserve, les droits qu'il s'était d'abord acquis avec timidité. Il s'amusait souvent à se baigner dans le vase rempli d'eau où le chien buvait; et si celui-ci venait l'interrompre, il témoignait beaucoup de mécontentement. Il mourut dans l'asile qu'il avait choisi, étranglé par quelque os qu'il avait ramassé dans les fentes du plancher avec son bec.

Les Vautours d'Olesblo.

On a vu deux vautours en Pologne, au château d'Olesblo, où naquit le fameux Jean Sobieski, depuis roi. Selon la tradition, ils étaient du tems de ce monarque. On les remarquait par la grosseur et la fierté; ils avaient parfaitement appris à traîner une calèche, et promenaient ainsi les enfans du maître du château. Loin de faire du mal à ces petites filles, ces monstrueux oiseaux jouaient avec elles, prenaient du pain de leur main, et leur obéissaient. C'était un plaisir de les voir dans une longue allée de marronniers, courant avec la plus grande célérité et s'arrêtant au moindre mot. Ils prenaient en affection les petits oiseaux qui les approchaient, et leur faisaient souvent part de ce qui servait à les sustanter. Ils battaient des ailes à la vue des maîtres; et ils savaient si bien se garantir des chiens, d'après les leçons qu'on leur avait données, qu'ils les épouvantaient en déployant leurs ailes, dont l'envergure était énorme. Ils déchiraient impitoyablement la première poule qu'on leur offrait, excepté celles de la basse-cour : ils savaient les connaître, et jamais ils n'auraient osé les toucher. Il est dit, dans une *Description historique de la Suisse*, qu'en 1757, on vit dans les montagnes de la Suisse, un vautour saisir dans ses serres un enfant de cinq ans et l'enlever. Le pauvre petit se mit à crier. Heureusement son père était près de là; il vint à bout de le délivrer après un combat opiniâtre. Le gouvernement Helvétique donne une récompense pour chaque tête de ces oiseaux redoutables.

Les Vipères d'Annibal.

On a vu Cambyse prendre, sans coup

férir, la ville de Péluse au moyen des chats dont il avait fait un bouclier à chacun de ses soldats; on a vu le roi Alphonse, faisant le siége de Vicaro, repoussé par des abeilles dont on avait lancé les ruches sur ses troupes; on a vu enfin les troupes de Fabius Ambustus, fuyant épouvantées devant leurs ennemis, qui tenaient à la main des torches flamboyantes et de grosses couleuvres, au lieu d'épées. Un autre grand capitaine, le fameux Annibal, employa aussi un moyen de ce genre. Dans la guerre qu'il fit à Eumènes, roi de Pergame, il ordonna de lancer dans le vaisseau de ce prince une grande quantité de pots remplis de vipères : ces pots, en se brisant, blessèrent les animaux qu'ils renfermaient: ces vipères, ainsi blessées, piquèrent avec fureur tous les soldats qu'elles rencontrèrent, et semèrent ainsi la terreur et l'épouvante parmi l'équipage, qui ne songea plus qu'à se mettre à l'abri de ces reptiles, et abandonna ainsi la défense du bâtiment.

FIN.

TABLE

DU SECOND VOLUME.

FIN DE LA TABLE DU SECOND VOLUME.

TOUL, IMPRIMERIE DE Vᵉ BASTIEN.

www.ingramcontent.com/pod-product-compliance
Lightning Source LLC
LaVergne TN
LVHW020544230826
846091LV00002B/389
9782329252278